LOCUS

L O C U S

catch

catch your eyes；catch your heart；catch your mind……

catch 312

上班路上心理學 출근길 심리학

作　　者　潘有花
譯　　者　張雅眉
責任編輯　陳秀娟
美術設計　許慈力
文字校對　黃怡瑗
內文排版　新鑫電腦排版工作室
印務統籌　大製造股份有限公司

出 版 者　大塊文化出版股份有限公司
105022台北市松山區南京東路四段25號11樓
www.locuspublishing.com
locus@locuspublishing.com
服務專線　0800-006-689
電　　話　02-87123898
傳　　真　02-87123897
郵 政 劃　18955675
撥 帳 號　大塊文化出版股份有限公司
戶　　名　董安丹律師、顧慕堯律師
法律顧問　版權所有 侵權必究

總 經 銷　大和書報圖書股份有限公司
新北市新莊區五工五路2號
電　　話　02-89902588
傳　　真　02-22901658

初版一刷　2025年3月
定　　價　400元
I S B N　978-626-7594-56-8

國家圖書館出版品預行編目（CIP）資料，上班路上心理學／潘有花作；張雅眉譯.
-- 初版. -- 臺北市：大塊文化出版股份有限公司，2025.03，272面；14.8×21公分. --（Catch：312）
譯自：출근길 심리학　ISBN 978-626-7594-56-8（平裝），494.35　113020087

上班路上心理學

養成堅韌靈活心態的33種心理學工具

출근길 심리학

潘有花　반유화　著
張雅眉　譯

序

給還不認識「心理學」這個武器的你

一直以來，我在韓國光化門的診間努力想遞給無數個上班族的那東西，並不是別的，就是「武器」。當然，我所說的武器，不是能刺傷人的長矛，也不是在慌亂中揮舞，最終卻砸到自己腳上的重盾，更不是「算了，我不管了！」而豁出去引爆的炸藥。我想放到大家手中的武器，是能從遠處仔細觀察某個人的望遠鏡，是能看清楚自己內在狀態的鏡子，是需要時能果敢地吹響的哨子之類的東西。

或許有人會問，這些東西怎麼能當作武器呢？對那些因為不合理的體制、根本無法獨自承擔的工作量、濫用權力的上司、愛挑撥離間的同事、動不動就頂撞自己的新人，有時一臉蒼白、一臉黯淡掛著員工證推開診間的門走進來的人來說，心理學比任何強力的武器都更有用。

我寫這本書的首要目標，就是讓你能夠比其他人都更細膩地掌握如何使用這樣的心理學。不過，書中列舉的概念並不是「掌握他人內心的心理技巧」。所以，這本書無法讓你隨意操縱他人，也無法讓你無條件變得很有魅力。但是，這本書肯定能幫助你在職場上培養出堅韌且靈活的精神，以及一顆冷靜但溫暖的內心。覺得自己落後於人工作不順利時、每次都害怕星期一的到來時、在簡報場合總是渾身僵硬時、被陰晴不定的上司搞得很痛苦時……你將會知道自己的內心在這些熟悉的情境中，是如何運作、又為什麼會那麼運作。

本書收錄了我十年來跟病人對話的過程中，對他們實際有幫助的心理法則，以及各式各樣的心理學實驗。希望各位藉由此書，更清楚地瞭解到工作中、還有生活中，無法避免的那些辛苦心境的真實面貌，以及它們的運作原理。如果你能更進一步地稍微摸索出自己的方向，知道該怎麼走才能滿足心中所求，那我將會無比的欣慰。本書為所有明天也要去上班的人加油。

二〇二四年一月　潘有花

PART 1

我為什麼會焦慮？為什麼有時候會感到悲傷？

首先識別自己的狀態

PART 2

我討厭誰，哪些話會傷害我？

學會與人共事的方法

PART 3

想做好工作，需要具備什麼樣的心態？

歸根結底，我們需要產出成果

PART
1

我為什麼會焦慮？為什麼有時候會感到悲傷？

首先識別自己的狀態

覺得自己落後於人 工作不順利時

❖自卑感

「羨慕就輸了！」

每次看到同期入職的同事，我都會這樣對自己喊話，但最終仍然每天都羨慕他，然後每天都輸掉。他做事比我俐落，而且應變能力也很好。不知不覺，那個同事就在專案中擔任主導的角色，而我則負責做協助他的工作。雖然覺得很傷自尊心，但我知道自己如果負責專案的主要業務，並沒有辦法做得像那個同事那麼好，所以只好接受這樣的結果。坦白說，那個同事的外貌不如我，說話也有些口齒不清……不過他自己似乎完全不在意，現在他甚至連外貌都變好看了。雖然有時候會討厭那個同事，但我現在最討厭的就是自己。我竟然如此窩囊地陷入自卑感中，真令人心寒。我這個人好像沒救了。我是不是打從一開始就沒能力把事情做好？

◉

有人在一生中從未自卑過嗎？大概沒有。假如有人說自己從未感到自卑，那麼他很可能比任何人都經常感到自卑。在張基河的歌曲〈我不羨慕〉中，雖然話者自始至終都說「我一點都不羨慕」，但我們都知道。其實他非常羨慕對方。

沒錯，自卑感是一種很折磨人的情緒。陷入自卑感的瞬間，整個世界彷彿就只剩下我自己和讓我感到自卑的那個（或那些）人。彷彿舞台上的聚光燈只打在我們身上一樣，我開始一一比較自己和那個（或那些）人。這時，我們不會採用水平比較的方式，例如：「我喜歡紅色，那個人喜歡綠色。」而是只會採用垂直比較的方式，例如：「我的鼻子長得不好看，他的鼻子長得很好看。」像這樣沒完沒了地進行垂直比較後，不知不覺中，留下來的只有大部分都不怎麼樣的「自己」。然而，自卑並不是罪，反而是很高層次的情緒。如果沒有自卑感，想必人類不會有今天這樣的發展。

為了說明為什麼自卑感是高層次的情緒，要先來瞭解「情緒」是什麼。情緒，基本上可以分為「原生情緒」和「次級情緒」。原生情緒是指快樂、悲傷、恐懼、驚訝、厭惡、好奇等，是我們出生時就具備的情緒。感受原生情緒不需要意識到「自己」這個人的存在，只要針對外部的刺激自動做出反應就行。肚子餓就難過得哭，遇到陌生人就驚嚇到哭，照顧者對自己展露笑顏時就開心地笑出來。

等誕生後大約過了十二個月，人才會逐漸出現次級情緒，也就是自卑感、罪惡感、羞恥心、自信心等。和原生情緒不一樣，每種情緒至少需要兩種複雜的認知能力。

第一、解釋自己所感受到的原生情緒的能力。看到同期同事優秀地完成困難的專案時，其實最先產生的情緒是「驚訝」這一個原生情緒。然而，後來再對驚訝的情緒自行評價後，才感受到「自卑感」這種次級情緒。

第二、意識到自我能力。當人能脫離第一人稱視角，如同照鏡子般從第二人稱視角，又或是從第三人稱視角來看待自己，才有辦法感受到次級情緒。仔細一想就會發現，這是理所當然的事。如果無法意識到自我，就無法和他人比較，也就不會感到自卑了，不是嗎？

如此這般，次級情緒從小慢慢地形成，並且在我們成長的過程中，和外部世界產生相互作用，融入每個人的特質，最後塑造成有自己風格的次級情緒。那麼像自卑感這種高等情緒，究竟在我們的生活中扮演什麼角色，而它又為什麼讓我們這麼痛苦呢？

因為這都是我們第一次的人生

最先整理出自卑感相關概念的醫師兼心理學家——阿爾弗雷德．阿德勒（Alfred Adler）表示，我們打從出生起，就處在一個自卑的環境中。因為在人生的起點，我們就是一個什麼都不懂、又小又脆弱的嬰兒，周遭被許多成人包圍著。我們等於是帶著一種自己相對弱小的基本情緒，站在人生的起始點上。因此，我們才會對那些與實際年紀相比，行為特別成熟從容的人開玩笑，問他們是不是在過「第二次人生」。

當然，每個人出生時都是小孩，不是大人，所以根本沒必要產生自卑感。然而，潛意識並不曉得這點。因為潛意識不會邏輯性思考，而且它能讓過去的事情感覺就像現在正在發生一樣。無法自理大小便的無能感，以及追不上對自己開玩笑後就跑得遠遠的叔叔的無力感等——在我們的潛意識中，刻印了各式各樣的自卑經驗。

這些經驗大多能讓我們成長。身體相關的自卑感讓我們想辦法自己穿鞋；知識相關的自卑感讓我們努力背九九乘法；人際相關的自卑感讓我們鑽研討好他人的方法。

就像這樣，所有人都帶著天生的劣勢展開人生，沒有人例外，而這也是讓我們努力的強力動機。然而，這個事實在另一方面也讓我們感到痛苦。

看到同期同事完美的簡報後感到驚訝（原生情緒）

↓感受到自卑（次級情緒）

↓刺激在各個層面曾經感到自卑的潛意識經驗

↓陷入一種自己在各個層面都比同期還差的自卑感

↓陷入一種自己在各個層面都比所有人差的自卑感

↓內心變得很痛苦

這就是自卑感折磨我們的過程。不知不覺我們已經忘了一開始引起自卑感的契機，只留下自己和所有人比較後，似乎在各個層面都輸給別人的「感受」。那種感受從「這輩子沒救了」這類玩笑話開始、轉變成嚴重的憂鬱之前，會表現出各種不同面貌。

別試圖贏過自卑感

那麼，該怎麼克服自卑感呢？不對，其實自卑感根本就不需要克服，也不需要甩掉。就讓自己有時候羨慕別人，有時候又洋洋得意吧！不過，要記得前述提到的兩點自卑感的特徵。也就是，不只是你，所有人都會產生一種與自卑感相關的潛意識錯覺。另外，我們達成的耀眼成就和能力，其實都多虧了自卑感這種高層次的情緒才能得到。光是記清楚這兩點，我們就不會再害怕自卑感這種情緒，而是能準備好去應對了。

如果準備好了，就要從「me why」的階段前進到「task how」。一定要將關心的焦點從「我這個人到底為什麼這樣？」轉移到「該怎麼處理產生自卑感的這個部分？」這是能防止自卑感變成憂鬱最有效的方法。

將主語從「我」改成「那個工作」（能力、態度、外貌等任何東西）。在你將自己整個人捆起來一併貶低的那瞬間，要趕快察覺——「啊，我只是太佩服那簡報成果才產生自卑感，但我卻把自己整個人捆起來，覺得低人一等，想責備自己啊！」至少關於自卑感這個問題，拋出「我為什麼會這樣？」這類問題時，什麼答案都得不到。

把「me why」轉換到「task how」的瞬間，我們的手中等於掌握了讓自己成長的驚人燃料。因此，感到自卑的時候，覺得開心也無妨。感受看看，那個讓人類發展、讓自己成為大人的武器，此刻就握在自己手中。想盡辦法努力這麼想吧！「原來我的發表能力沒那個人成熟啊！該怎麼做才能提升這個能力呢？」

別忘了你體內湧現的自卑感，不該是讓你害怕得想逃跑的情緒。那是所有人都擁有的情緒，只要好好應對，它就會站在你這邊。我只是想更進步而已。自卑感真的無罪。

確實消除職場壓力的唯一方法

❖心理韌性

再怎麼想都覺得我的心理素質太差了。組長只要稍微唸我一下，我就會畏縮好一陣子，一直看組長的臉色。結果，組長也跟著看我的臉色，導致彼此都變得很尷尬。雖然我不是故意讓他覺得不舒服，但我真的有好一陣子都很難像平常那樣對待他。

不久之前，因為塞車第一次遲到的時候，我也很難調整好心態。在車子裡非常煩躁且不安，同時對沒能再提早一點出門的自己相當生氣。還很擔心別人會怎麼看我，總覺得過去累積的信賴或形象似乎全毀了，有好幾天心情都很低落。

不過，坐我隔壁的同事心理素質倒是強到不可思議的程度。被指責時，他接受的態度相當認真，而且又能馬上自然地和對方相處。所以周遭的人似乎不害怕他會受傷，和他相處時都很自在。是因為這樣他才那麼受歡迎嗎？我也想變得像他那樣，但真不容易。

◉

即使遇到同樣的狀況，有的人馬上就能調整狀態重新振作，而有的人則會痛苦很久。這真的很神奇。我們通常認為馬上就調整好心態的人心理素質很強，而痛苦許久的人則是心理素質很差。雖然沒必要因為心理素質強就驕傲，也沒必要因為心理素質差就洩氣，但心理素質強的人相對能順利克服許多苦難，也是不爭的事實。所以才會有很多人羨慕心理素質強大的人。那麼，我們稱為「心理素質」的東西，究竟是什麼？

發展心理學家艾美．維納（Emmy Werner）花三十二年觀察在夏威夷考艾島上誕生的六百九十八名兒童。在這群兒童中，有三分之一的人遇到嚴重的貧窮或健康問題，處在照顧者無法提供基本照顧的狀況中。簡而言之，他們所處的環境可以被稱為「逆境」。即使如此，在這種環境下長大的兒童中，仍有三分之一的人、也就是七十二個人，在成長的過程中以及成人之後都過得很正向，對自己的人生適應良好。

對於在考艾島長大的這七十二名兒童，也就是擁有他們這種強韌心理素質的人，我們能用「心理韌性」（resilience）這個心理學概念來說明。承受壓力後，能相對快速地恢復到平常樣貌的人，我們會說他擁有心理韌性這項心理資源。

其實關於心理韌性之類的心理因素研究，是近年來才開始的。因為在一九九〇年代之前，大部分的研究都是聚焦在負面事件對個人帶來了什麼樣的危害。大部分的研究多半關注人們經歷同樣的事件，承受更具破壞性痛苦的人，是因為哪方面比較脆弱才會有那樣的表現。也就是說，關注的重點在於個人的脆弱性。如果以維納的研究來比喻，意思就是以前更專注於研究遭遇逆境的三分之二人身上持續出現的痛苦，而現在則是更專注其餘三分之一人身上發現的心理韌性。

那麼，在承受壓力後，幫助人們恢復到之前狀態的那股力量，具備什麼特質最能發揮出來？雖然有各種不同的主張和假說，但本篇想先談談在這部分人們最常見的錯誤迷思。通常我們會認為，不論什麼環境，情緒變化都不大的人心理素質很強，但事實不一定那樣。狀況改變時，情緒也應該跟著改變才對。發生開心的事就要開心，發生不開心的事就要傷心或生氣。在應該感受到某種情緒的狀況下，我們就應該感受到那種情緒。

然而，有些人對他人的共情能力不足，不會看臉色，所以沒什麼情緒波動，又或者不知不覺中壓抑自己的情緒，所以看起來沒什麼情緒變化。不論遇到什麼狀況看起來都很酷，所以我們誤以為那種人心理素質很強。不過由於那種人無法充分理解他人或自己的情緒，導致他們無法與他人建立令人滿足的關係，或沒察覺到自己已精疲力盡。

心理韌性和任何處境都保持類似的情緒並不一樣。雖然會有情緒起伏，但還是能重新回到之前的水平，這才是心理韌性的核心。沒有人可以略過擁抱壓力的階段，直接把壓力反彈出去。如果想像彈簧那樣恢復，就必須意識到壓力帶來的衝擊，並且在自己的體內擁抱壓力。絕對需要經歷這樣的過程。因此，心理韌性經常被比喻成心理免疫力，因為身體被病毒感染時，體內的炎症細胞經過一番戰鬥後又會恢復到原來的狀態，這種免疫機制就和心理韌性非常類似。

所以，如果想在真正意義上讓心理素質變強，遇到壓力時經歷負面情緒就是一項必要的條件。也就是說，必須接受壓力會造成情緒上的衝擊這個事實。這麼一來，才能最妥善地調解所受到的衝擊，最後順利地擺脫壓力。

相信沒有什麼會永遠不滅

像這樣承認因為壓力而產生的情緒，我們才能夠進一步邁向最重要的階段。即記得一個事實——「現在的痛苦，不會永遠維持這個強度。」

韓國歌手IU曾經在一個採訪中被問到心情不好時如何排解，她是這麼回答的：「我會在心裡想著，『我可以在五分鐘內改變這個心情』，然後開始活動身體。」這是一個非常有效的心理戰略，能夠避免自己落入痛苦會持續到永遠的陷阱。

美國的心理學家馬丁·賽里格曼（Martin Seligman）曾經表示，我們在壓力環境中最容易掉入的陷阱，就是「永久性」（permanence）。它指的是個人遭遇不好的經驗時，傾向相信該經驗的影響會永遠持續下去。因此，在那個瞬間會覺得無法擺脫這種痛苦的心情，被任何努力似乎都沒用的無力感壓得喘不過氣。然而事實絕非如此。試著回想看看，自己在過去生活中經歷或大或小壓力的瞬間吧！當然有些壓力對你的日常造成很長遠的影響，讓你非常辛苦。然而，其中許多事情不過是短暫讓你感到不快，甚至有些經驗還會成為你跟朋友在茶餘飯後的熱門聊天話題。另外大部分的事你現在都忘記了。

光是相信現在讓你難受的狀況，以及因此造成的悲慘又痛苦的心情，總有一天一定會結束，你就能得到克服這個瞬間的力量。當然，我們可以用比IU說的五分鐘更多、更充裕的時間來消化。遲到造成的痛苦情緒可能持續一整天，也可能持續一週，但勢必逐漸消退。幾年後，你甚至會想：「之前發生過那種事嗎？」

你依然無法相信痛苦總有一天會結束嗎？那麼，從現在開始累積能夠佐證這個事實的證據吧！記錄看看你最近遇到壓力時，心情指數大概是幾分——從零分（沒有痛苦）到十分（人生中最可怕的痛苦），然後在一週、一個月、一年之後，再重新打分數看看。重複做幾次之後，你就會相信痛苦終究有盡頭。

還有，另一個容易在承受壓力時掉入的陷阱。那就是「普遍性」（pervasiveness）——傾向認為自己遭遇的困難會影響所有生活層面。如果受到普遍性的影響，潛意識裡會逐漸陷入一種自己各個層面注定都會毀滅的命運。若說永久性反映的是壓力造成的時間概念陷阱，那麼普遍性反映的就是空間概念的陷阱。壓力的永久性和普遍性總讓我們的痛苦一直追加利息。如果想盡量少付點利息，就必須不時地提醒自己，現在感受到的這種痛苦又不舒適的情緒，至少不會對我生活中的各個領域造成永遠的影響。

打造彈簧般的心理素質

那麼，現在重新回去看非自願性遲到的狀況。因為交通擁擠而困在路上時，你一定萬般後悔，既擔心又煩躁，還覺得很憤怒。這時，試著想想心理素質很強的人吧！他絕對沒辦法將飛過來的試煉無條件反彈回去，但他能像彈簧一樣吸收衝擊，彎曲後再慢慢的恢復。「我為什麼心理素質這麼差，在這種狀況下也沒辦法調整心態？」與其這樣想，還不如換個思路：「不管是心理素質強還是不強的人，現在這個狀況的確都很糟沒錯。」然後試著暢快地吐露自己的心聲：「吼，煩死了！」

接著你可以這樣思考：「雖然現在心情真的很糟，但這種情緒絕對不會永遠持續下去。過去不也遇過很多糟糕的狀況嗎？但是我現在都想不起來了！試著相信沒有什麼會永遠不滅吧！」如此脫離永久性的陷阱，相信時間的力量，就能讓我們稍微地喘過氣來。接下來也想辦法越過普遍性的陷阱吧！「遲到一次並不會毀掉之前累積起來的形象。就算這件事害我職場生活變得很糟，也不代表我的人生會變得一團糟。遲到一次就只是遲到一次而已，試著這麼相信吧！」

讓心理素質變強韌的祕訣並沒有什麼特別的，記得，壓力理所當然會帶來情緒上的衝擊，並且相信那種情緒會逐漸獲得改善，然後多多留意永久性和普遍性的陷阱。這樣的心態就能讓你打造出強韌的心理素質。再次強調，強韌的心理素質並非絕對不變形的心態，而是能像彈簧那樣縮下去、又再展開來，具有彈性的心態。

如果每天見面的人每天都很討厭

❖厭惡

各自說說看在公司裡極度厭惡的同事吧！我先說。

我最討厭那種，工作到一半總愛偷偷脫掉襪子的人；他還以為別人都不知道呢。另外，對話的時候不聽到最後，總愛中間插話：「不是那樣……」然後開始講自己的事的那種人，一樣也很討厭。是在不是什麼？其中最糟糕的就是，都不先看看自己長怎樣，就一個勁兒批評別人外貌的上司，真的有夠糟糕。

is*** 最討厭那種連基本的拼寫都弄錯，還硬說自己拼對的人。而且最後如果證實他拼錯了，就反過來質疑這種瑣碎的事情毫不重要……

12a** 最討厭在辦公時間一直吃餅乾發出喀吱喀吱聲響的人。他甚至連吃飯都會舔嘴巴發出嘖嘖聲……

j*s*** 最討厭大家一起喝咖啡，堅持要把點數蓋在自己集點卡上的後輩。

◉

「極度厭惡」意指討厭的程度超過普通水準，達到了極端值。這個詞彙已經不再是新造語詞彙，而是被接受為普遍的日常用語。雖然表達方式變得很偏激，但其實厭惡是人類最基本的六種情緒之一，它總是在生活中如影隨形（除此之外，其他基本情緒有悲傷、幸福、驚訝、憤怒、恐懼等）。

「厭惡感」（a feeling of disgust）是一種相當即時的情緒。在公共場所看到公然挖鼻孔的人，或是週六早晨看到地上地雷般的嘔吐物（還有正在吃那個的鴿子）時，我們會反射性地「噁」一聲，然後別過頭去。就像這樣，厭惡感是還來不及思考就產生感受的的情緒，所以也很難調整。再加上引起厭惡感的對象如果跟你待在同一個職場，那真的是非常痛苦的事。在地鐵上遇到大聲唱歌的人時，可以躲到隔壁車廂或者直接下車，總歸能避開那個場合，但在職場上卻很難這麼做。很難擺脫的對象甚至還得每天見面，這會讓心中的厭惡感更加強化。於是，不知不覺中厭惡就變成極度厭惡了。

我們什麼時候會產生反感？

不過，諷刺的是，多虧我們內建了「厭惡」這種情緒，才能夠保護自己生存下來。如果沒有厭惡感，我們就不會避開發霉的食物，不會避開躲在森林裡的蛇，而是會帶著好奇心去吃吃看、摸摸看，然後受到很大的傷害。

長期研究厭惡心理的心理學家保羅．羅津（Paul Rozin）表示，最初厭惡感是為了保護個人的身體而出現的一種情緒，後來逐漸擴大成保護個人的靈魂及社會秩序的情緒。驚人的是，我們看到排泄物或是噁心的蟲子時，經常會想像把那個東西放進嘴巴裡的景象，然後因此感到噁心。這種感受稱為「核心厭惡」。從這裡開始，厭惡的範圍會像同心圓那樣往外擴散。當我們目睹讓人想起人類是動物的場景時——死亡或者發生性行為的模樣，我們會感受到對人的厭惡感；而對於做出連續殺人那種自私又可恨行為的人，或是違反集體規範的人，我們會感受到道德上的厭惡。

就像這樣，雖然從核心厭惡到道德上的厭惡，我們討厭的對象看起來都不一樣，但同樣會用「反感」一詞，來描述腐爛的食物和連續殺人犯的這點來看，可以認同每個對象的確都引起共同的感受。而且，當我們覺得某個對象彷彿侵入了自己的身體時，這種情緒也會跟著極致地放大。厭惡感就像這樣不僅保護我們遠離有害的病原體，還保護我們避開被有害物質汙染的一切事物。

然而，並非所有的厭惡感都是合理產生的。群體的傾向或文化以及個人的偏見，多少都會有所影響。舉例來說，在韓國，員工吃完午餐後三三兩兩聚在廁所裡刷牙是非常自然的事，但在西洋文化圈裡卻不是這樣。他們認為在公共場所刷牙等於是在散播病菌，是一種令人不快的行為，因此相當反感。相反地，我們看到穿著鞋子若無其事地爬上床的西方人，也會產生厭惡感。

關於厭惡中隱藏的不合理，有一個很有名的實驗。研究人員在新的免洗杯中裝果汁後，讓每個受試者都喝一口。然後再把完全殺菌過的蟑螂放到果汁裡浸泡一下再拿出來，並且詢問受試者是否願意繼續喝那杯果汁。（天啊！）當然沒有人想喝。實際上，浸泡過完全殺菌過的蟑螂的果汁，從理論上來看，跟之前的狀態並沒有什麼不一樣，但沒人願意伸手去接那杯果汁。

假如，你一定要在泡過完全殺菌的蟑螂的果汁、泡過你沒清洗的小拇指的果汁中選一杯來喝，你會選哪杯？（先暫時放下為什麼非得喝其中一杯的合理懷疑吧！）其實泡過手指頭的果汁更不衛生，但想必會有很多的人明知如此，還是選泡過手指頭的果汁。

同樣地，道德上的厭惡也存在不合理性。某項研究發現，當人聞到噁心的味道或是曝露在噪音中，處於這類容易引發厭惡感的狀況下時，比不在那種狀況下的人更容易感受到強烈的道德上的厭惡。另外，在那種情境下的人，傾向做出具有攻擊性的道德判斷，像是認為犧牲一個人來拯救許多人是理所當然的。從這項研究中可以得知的事實是，厭惡感的強度會隨著我們所處的環境和狀況而改變。

關於面對厭惡的態度

那麼在周遭環境難以馬上改變的職場，有什麼辦法能妥善調節厭惡感？由於厭惡感是非常及時產生的情緒，所以很難阻止它在內心發芽。但也不用因此責備產生厭惡感的自己。只不過最好別忘記，你感受到厭惡感的強度，和引起厭惡感的那個對象所犯的錯誤，並不一定成正比。**安慰並尊重因為厭惡感而受苦的自己，同時也要努力別草率將那種情緒合理化。因為在我們將厭惡感合理化的瞬間，就會害自己被困在一個巨大的框架中，變成無能為力的人。**「放任讓我討厭的那個人維持那副模樣明明是不正義的事情，但我卻什麼都做不了。我怎麼會這麼無能為力！」

另外，與其將引起厭惡感的所有東西都歸類到「極度厭惡」中，不如比較看看，那些事物實際帶給你的痛苦有多大吧！簡而言之，就是要區分「極度厭惡」和「有些厭惡」。**當我們對所有有點討厭的事物都貼上「極度厭惡」的標籤時，潛意識中就會錯以為所有事物都讓自己非常痛苦。然而，如果可以從極度厭惡的事物中，挑出有些厭惡的事情，你的心情就會變得比之前覺得一切事物都極度厭惡時，還要好了。**

試著用任何形式和引起厭惡感的對象產生連結，也能幫助你減輕厭惡感。在某項研究中，研究人員將印有受試對象在學中的大學校徽T恤和印有其他大學校徽的T恤，全用汗水浸濕後，讓受試者聞衣服的味道。然後，再讓他們比較對兩者的厭惡程度。實驗結果顯示，受試者聞到所屬學校的T恤時，厭惡感相對較低。依照這項實驗結果的邏輯來看，對象是否讓你產生歸屬感，會使你在同樣狀況下感受到較低的厭惡感。舉例來說，當你和討厭的對象一起完成努力準備的專案、擁有共同的回憶之後，對於該對象之前讓你覺得痛苦的行為或習慣，也變得比較寬容。

不過，這不是要你勉強和討厭的對象變得親近。只不過當你和那人共享某些東西而產生連結之後，那個過程可以讓你變得更寬容些，最後也能使自己的心情變得更為平靜。如果調適得好，當別人在批評你曾經討厭的對象時，說不定你還能這樣回應：「他確實有那樣的一面，不過他很善良。」

如果各種方法都試過了還是不太能調適，那該怎麼辦？**能避開就盡量避開吧！然後發揮自己體內所有的幽默感吧！**為了不聽到喀吱喀吱聲而戴上耳塞，然後盡量別看他吃東西舔嘴巴發出嘖嘖聲的模樣吧！遇到愛說「不是那樣」的人時，可以試著用冷笑話回他：「不適？你身體不舒服嗎？要不要先去休息？」如果怎麼做都改善不了，就只能避而不見或是一笑置之了。把這些方法當作最後的堡壘，現在再次出擊吧！真心希望在你的日常生活中，越來越不常提到「極度討厭」這個詞。

❖ 焦慮

如果還是每週都覺得星期一很可怕

「唉……×的垃圾星期一又到了！」

到了星期日晚上，朋友們一如往常地開始在群組裡抱怨。看起來大家都因為明天要上班而心煩意亂。我在結束星期日行程的時候也被莫名沉重的心情所籠罩，跟他們一樣覺得煩悶。為什麼星期一症候群沒有隨著經驗豐富而變得熟悉，反而越來越嚴重呢？

星期日晚上也特別難入睡。無精打采的上班路、上週沒處理完的工作、週末累積的郵件、辦公室裡疲憊又煩躁的同事……各種事情不分先後在腦海浮現，漸漸地睡意也越來越遠。時間就這樣持續流逝。星期一早上本來就很累，睡眠時間還一直縮短。唉，現在入睡，還能睡幾小時？

◉

一週當中，沒有哪天像星期一這樣被這麼多人討厭的。雖然根據個人情況稍有不同，但從人們在數算一週時會說「一一一一二三四五溜」，並且公然稱星期一為「X的垃圾星期一」來看，可以確定在一週當中，星期一就是大家的共同敵人。我們經常稱為「星期一症候群」的身心狀態——害怕星期一的到來，並以沉重的心情度過星期天晚上的現象——並非韓國獨有的現象。在美國稱星期一為「藍色星期一」（blue monday），並且將害怕星期一到來的心情稱為「星期日精神官能症」（sunday neurosis）。通常星期一的心情最糟，接下來會從隔天開始逐漸好轉，然後到星期五時急速變好。順帶一提，講到星期五，甚至還有個流行的說法：「太感謝了，今天是星期五！」（TGIF, Thanks God It's Friday!）不過，好心情在星期六達到最高峰後，往往會在星期天即將結束的時候，再次急速低落。

甜美的休假即將結束時，心情又是如何呢？想必有許多人在休假的最後一天，都過得比星期一症後群發作時更加心煩意亂。然而，這種讓許多人飽受折磨的情緒最奇妙的一點就在於，當人們實際經歷可怕的星期一後，反而覺得沒有預想的那麼痛苦。為什麼會這樣呢？

能解釋這種奇妙現象的關鍵就在於「焦慮」（anxiety）。當然，焦慮不只出現在星期日晚上，在我們一生當中，它都如空氣般形影不離。焦慮無所不在。它會以多變的樣貌突然現身，從很低的濃度開始到很高的濃度都有。假設，你現在從很挑剔又討厭的上司那裡收到一則只寫了「小組長」三個字的訊息，你的心臟大概馬上開始劇烈跳動。「他只是隨意跟我搭話嗎？還是又要吩咐我做什麼？又或是之前繳交的報告書有什麼很大的錯誤嗎？」你大概會像這樣做出各種猜測，消耗掉許多的能量。這就像在舒適的星期日晚上，把正悠哉休息的你叫過來，讓你面對沉默不語的星期一那樣。

當你覺得似乎有什麼不愉快或是非常危險的事情要發生時，心裡感受到的那種情緒狀態就是焦慮。有個和焦慮十分相似的情緒，即「恐懼」（fear）。有時很難分辨恐懼和焦慮的差別，但就理論上來說，兩者是不同的情緒。試著想像你現在正走在黑暗的森林裡。這時如果有一隻巨大的熊突然從樹木後方跳出來，在那瞬間你感受到的情緒就是恐懼。焦慮則是你行走在森林裡時，一直折磨著你的那種感受。「那個是熊的腳印吧？這座森林裡有熊？如果熊突然跑出來該怎麼辦？我要裝死嗎？還是要爬上樹？」當你一邊思考著數千種可能，一邊在森林裡行走時，你所感受到的情緒就是焦慮。在日常生活當中，比起恐懼，我們大多更常經歷焦慮，而且往往也經歷得更久。因此，如何理解並調適焦慮，對我們的生活品質會帶來很大的影響。

西格蒙德・弗洛伊德（Sigmund Freud）表示，可以根據刺激的來源是來自外界還是內在，將焦慮分成兩種類型——在外界實際存在的威脅所產生的焦慮是「現實性焦慮」（realistic anxiety），而只存在於內在的焦慮則是「神經性焦慮」（neurotic anxiety）。這兩種焦慮只要是跟同一個人內在的同一個主題有關，也可能同時存在。

試著想像更換部門後被交付新業務的情境吧！即將在陌生環境針對陌生的業務進行報告，擔心自己是否能做好，是現實性焦慮。然而，這種現實性焦慮一旦添加了內在的要素，就可能瞬間轉化成神經性焦慮。例如自己在心裡想著：「如果報告不完美、犯了錯誤，或是表現得很生疏，組長就會對我失望，同事也會嘲笑我。一旦留下不好的印象，我就沒有翻轉的可能了。」認為第一顆鈕扣沒扣好，未來的職涯就會變成荊棘路，自己也會淪為失敗者。這種想法就是神經性焦慮。

當然，我們每個人的心中都有神經性焦慮，而且在它的強度適中時，還能發揮自我保護的機能。然而，如果這種焦慮過分放大，就會妨礙到個人的幸福感和生活品質。名為星期一症候群的焦慮強度，也會隨著星期一的業務這項外界刺激，和我們內在要素相遇後的狀況來決定。當然，對於星期一會發生什麼事、會有多麼辛苦，我們的確可能產生現實性擔憂。但是，當那份焦慮嚴重破壞你現在的平靜和愉快時，就有必要檢視自己內在的要素了。舉例來說，有些人可能覺得很難原諒自己在工作忙碌的時候犯錯，另外有些人可能覺得，拒絕他人的請託，自己就會被拋棄。

和這類的內在要素一起對焦慮造成影響的另一個因素，就是刺激的「模糊性」（ambiguity）。人類在漫長的歲月中，都對模糊的刺激有敏銳的反應，所以才能提高生存率。但從另一方面來看，這樣生存下來的人類，心裡都會揣著焦慮度日。這種模糊性可分成兩種類型——一種是像考試後不曉得自己能不能合格的情況，這是當事情結果無法確定時產生的模糊性，被稱為「概率不確定性」（probabilistic uncertainty）；另一種是某件事必定會發生，但不曉得什麼時候會發生時產生的模糊性，被稱為「時間不可預測性」（temporal unpredictability）。我們無法得知自己何時會面臨死亡，這也是時間不可預測性的一種。試著想像在與其他公司的競爭簡報中慘敗的狀況。協理跟進行簡報的經理預告會跟他面談，但是並沒有告訴他什麼時候面談。從這一刻起，經理就會變得很焦慮。乾脆早點被叫過去痛罵一頓，說不定還能得到一種奇妙的安慰。「早死早超生」就是指這種情況。

模糊性之所以使我們的焦慮加劇，是因為當中立且模糊的刺激出現時，人類傾向將那種感受歸類為負面的刺激，而不是模糊性本身。另外，這種傾向在個性上焦慮程度較高的人身上會表現得更明顯。

替焦慮踩剎車

我們已經從星期一開始走到這裡了。那麼接下來該用什麼態度迎接再次來臨的星期一？首先，光是瞭解人類焦慮時的特性，就會有所幫助。如果知道將模糊的刺激歸類為負面的刺激是人的本能，在某種程度上就可以啟動能憑靠意識調節的前額葉皮質，來糾正自己的想法。「星期一又會多麼難熬呢？」當掌管焦慮和恐懼的杏仁核又本能地刺激我們焦慮的感受時，就試著有意識地啟動前額葉皮質來替焦慮踩煞車：「之前不是已經度過了無數個星期一嗎？也沒發生什麼大事啊！」當然，這絕不是要你徹底忽視本能發出來的信號。如果一味地忽視，最後可能會變得很狼狽。這裡意在提醒大家，有時候我們會把不必要的模糊的線索想得太具威脅性。舉例來說，前額葉皮質可以發出這樣的訊息：「星期一雖然很痛苦，但也是許多事情嶄新開始的一天。是充滿活力又讓人興奮的日子。別忘了，至今為止度過無數個星期一後，我的心情總是變得比一開始還要好！」

要知道即使如此也不會死

試著減少模糊性也是一種很好的辦法。最好的方式就是盡可能將模糊性具體化。要不要試著將星期一即將面臨的事情寫在紙上？可能會收到什麼電子郵件？上班路上地鐵的狀況是？上午會議的氣氛可能是？這當中有什麼是自己能掌控、有什麼是自己無法掌控的？試著把這些寫下來，能幫助你具體掌握是什麼東西讓你感到焦慮。如果把腦中浮現的想法整理在紙張這種次要儲存裝置上，就能減輕大腦因模糊性而產生的負擔。

當然你心裡可能出現一個疑問：為了降低模糊性而過於具體想像某件事的實際狀況，不會反而變得更焦慮嗎？這麼做的關鍵其實在別的地方。那就是幫助自己認清一項事實——擔心的事雖然讓我們非常痛苦，但並不會把我們完全摧毀。當我們確認焦慮的實體，感受到「沒錯，事情不會比這更糟」時，我們才能擺脫神經性焦慮，回歸現實性焦慮。這就是大家常說的「難不成會死嗎？」或是「頂多就是死掉而已」的真正意義。

規畫確實的幸福

如果做到這種程度，面對星期一仍然很焦慮，也能事先安排在度過充滿模糊性的星期一之後，可以明確體驗到的補償，然後等待那件事的到來。例如：在星期一下班後跟最要好的朋友見面；去吃披薩；看喜歡的導演的電影；盡情玩遊戲等等。掌管合理性的前額葉皮質應該能將這些規畫當作誘餌，更妥善地安撫杏仁核。

最後，還有一個提議希望大家能花時間慢慢地嘗試。如前文所述，我們每個人都有特別容易觸發焦慮情緒的議題。這是相當正常的事。那麼，接下來可以思考看看，那件事為什麼讓自己那麼焦慮？對你又有什麼樣的意義？舉例來說，如果你很擔心在星期一的會議上收到負面回饋，甚至擔心到失眠的程度，那麼就可以思考看看，在報告時犯錯，或是得到負面回饋，對你而言意味著什麼？希望你能仔細思考，面對自己的不足，是在哪方面帶給你什麼樣的痛苦。這不是一次就能得出結論的問題。然而，這類的嘗試一定能幫助你更進一步擺脫神經性焦慮。

好，那麼我們在腦中想像自己度過最模糊、最有冒險性的星期一後，變得輕鬆許多的那個樣子，然後在這週也打起精神來吧！當然這個起點不需要很酷炫，也不需要很雀躍。只要把自己交給時間的洪流就好。不知不覺中模糊性就會轉化成最確實的幸福。

對我們來說，公司真的只是很可怕而已嗎？

❖ 需求

網路上到處都是上班族甘苦的迷因和表情包。這意味著非常多人都對職場生活的苦處，深有同感。然而，在職場度過的時間，真的都很可怕嗎？

雖然微薄的月薪總是讓人不滿意，但發薪日看到錢，心情總是會很好。在努力上班的公司裡，我們會和隔壁組同期的同事聊天，甚至笑到合不攏嘴。看到自己解決的問題，或是經手的業務做出成果時，內心的某個角落湧現了奇妙的滿足感。想必每個人多少都有體驗過。雖然稱不上為了工作獻上靈魂，但在自己的工作中，至少還是有投入，有加入一點點自己的靈魂，而且被同事認可的時候，內心也會感到悸動。對這樣的你來說，公司真的只是讓人痛苦的地方嗎？

◉

快要忘記的時候，又會在新聞上看到「成功離職」的人現身說法：「上班族，現在馬上打包行李，離開公司吧！」我實在太常聽到「領月薪沒未來」的言論，聽到耳朵都要長繭了。在YouTube上到處都有人說自己辭職後賺了大錢，迎來人生大逆轉，而坐隔壁的同事也總說自己沒能力又沒勇氣，所以才不敢辭掉工作。還有不少人說長年在公司上班的人很愚蠢等。不知不覺中，職場淪為剝削勞力的地方，變成得趕快逃離的監獄！而盡可能少做點事，則被當成報復剝削的最佳手段。在薪水小偷變成美德的時代，熱愛自己的工作，在工作中獲得成就感，猶如童話般不符合現實。

當然，要瞭解造成這個現象的來龍去脈。至今為止的職場文化，總是要求不是主人的人帶著主人意識、要求權力只有豆點大的人具備責任意識。以「熱情工資」為名的剝削、以「轉正職」為名的希望折磨，都還在持續當中。如果在會議上提出新構想，就會收到全權負責推進的指示；但如果因此光是靜靜地坐著，又會被斥責怎麼那麼消極又沒創意。在這種苛刻的環境中，對職場抱持冷嘲熱諷的態度，似乎也是理所當然。

對工作的自己和他人投以自嘲式的玩笑話和抱怨，可視為人類自然產生的防衛機制。這是為了保護自己不在心理上受傷受挫，而在潛意識裡採取的策略。那麼，我們究竟害怕遭遇什麼挫折？在回答這個問題之前，我們先回想一個常見的職場建議：

「別想在職場上達到自我實現，這只會讓你變得不幸。自我實現還是下班後，透過興趣或是副業來完成吧！」

透過這個建議，我們能推測出盤旋在許多人心裡的恐懼究竟是什麼。那就是害怕在職場上，自己的需求，尤其是自我實現的需求會受挫，最終面臨失望的結果。

那麼所謂的需求是什麼？需求就是為了滿足個人感到缺乏的狀態，而需要或渴望某個東西的那種心情。關於需求最具代表性的觀點是心理學家亞伯拉罕・馬斯洛（Abraham Maslow）提出的「需求層次理論」。馬斯洛表示，人類想滿足的需求可以分成五個層次的階層結構，從第一層到第五層，需求的階層逐漸增高。

第一層：生理需求

第二層：安全需求

第三層：愛與歸屬需求

第四層：自尊需求

第五層：自我實現需求

位於最高階層的自我實現的需求是一種渴望能與他人做出區別，展現個人的獨特性、實現自我的價值，並且以自己期望的樣貌過生活的需求。看起來怎麼這麼困難？所以當然會出現那種自嘲式的建議。（你竟然想在公司達到自我實現！）那麼，對同事提出這種帶著嘲諷意味建議的人，內心狀態究竟如何？

關於習得性無助的祕密

擁有這種嘲諷思想的人，可以說是因為之前的經驗而處於一種「習得性無助」（learned helplessness）的狀態。關於職場的無數笑話，同樣也是習得性無助帶來的痛苦產物。在某項研究中，心理學家唐納德．廣人（Donald Hiroto）讓受試者待在不管怎麼按按鈕都無法停止噪音的環境中。後來在連續兩次的實驗中，其中三分之二的人即使被換到按了按鈕可以停止噪音的環境，依然沒嘗試去按按鈕，而是繼續感到不愉快且痛苦，這就是習得性無助。當人反覆被暴露在難以控制的環境中，即使到了可以控制的環境，也依然覺得很無助而灰心喪志。

職場上也出現類似的現象。自我實現受挫的經驗，讓我們乾脆放棄在職場上滿足該需求。多次的經驗迫使我們相信，繼續保有自我實現的需求，只會讓自己更痛苦。

然而，真的是這樣嗎？從結論來說，我們並不是因為在職場上追求自我實現才那麼痛苦。是因為我們不追求才感到痛苦。如果不追求自己的需求，就會陷入越來越無助的狀態，貶低自己實際的價值。許多相關研究都證實了這個說法。

觀察醫院的清潔勞動者如何以不同的態度面對工作時，發現其中認為自己工作的專業性很低，無法從中找到意義的群體，對於工作的滿足感很低；相反地，認為自己的工作需要非常熟練的技術，時常思考該怎麼做才能用自己獨有的方式把事情做好的群體，對工作的滿足感很高。在餐廳工作的廚師也一樣。有些人並不會單純地認為自己的工作是準備滿足顧客需求的食物，而是帶著自信做出創意料理，並且總是挑戰新的食材組合，追求自己獨有的經驗。這樣的人體驗到了高水準的滿足感。因此無論在什麼情況，我們都不要為了其他人或是職場主人工作，而是要為我們自己不停地追求自我實現。

如何打理自己的工作崗位

到目前為止的說明，可能會讓人覺得像是在勸人不要抱怨所處的環境，要對自己的工作感到自豪。乍聽之下相當迂腐。當然我們所處的環境總是很艱辛，所以在追求期望時老是受到妨礙。然而我們其實可以一邊批評現在的環境，一邊追求自我實現。

不論是對工作者無條件的自嘲和貶低，還是反過來用熱情、夢想、主人意識、責任意識等空虛的口號，來合理化剝削的行為，我們都應該保持距離，並且持續穩住重心來前進。這當然很不容易，但即使如此，能瞭解自己真正需求為何的人，依然只有你自己。在搖搖晃晃的過程中穩住重心，也是只有你自己才能做到的事。

或許你會反駁，自己在職場不僅無法達到自我實現，甚至比那更低階層的需求都無法確實地滿足。舉個極端的例子來看，假設在工作中突然發生地震，書桌開始搖晃。又或是建築物的某個地方突然起火了。在這種安全需求（第二層）受到威脅的狀況下，要專注於愛或歸屬感、自尊、自我實現這些需求，當然是很困難的事。馬斯洛一開始也曾堅決地表示，在低階層的需求尚未被滿足之前，人類不會追求更高階層的需求。不過，這個主張受到許多批評。因為即使是在生存受威脅的狀況下，的確還是有人會彼此照顧，或是默默地朝自己的信念前進。最後馬斯洛也修正了自己的理論，承認人不用為了追求高階層的需求，而完全滿足低一個階層的需求。在面臨危機的瞬間，即使不完全，我們依然能在某種程度上保有自己期盼的模樣。

所有需求都很神聖，但並不一定都很龐大。不用完美地滿足，這反而是理所當然。

因此大家努力追求自己的期望吧！這是尊重自己最快的方法。如果能不對自己的職場死心，將那裡打造成欲望和挫折激烈共存的場所，那麼不管在哪裡，我們都能夠做真實的自己。

空虛

該怎麼處理取得成果之後的空虛感？

「後來他們度過了幸福快樂的生活。」許多久遠的故事幾乎都是這樣結束的，沒什麼例外。聽故事的你有什麼想法？在童話故事中出現的角色，真的都無憂無慮一輩子過得很幸福嗎？

◉

現實生活中，許多人認為幸福的條件是跟很棒的伴侶結婚；或是得到更高的年薪和職位；或是擁有好的學歷或家世。對某個人來說，也可能是生育後代、拓寬家園、增加財富。就像這樣，在人生的不同時期，總是插滿密密麻麻的旗幟，伸長脖子在等待我們。彷彿只要集滿所有旗幟，之後保證能得到龐大的幸福。然而，合約書上並沒有任何一個句子，保證你達成目標後一定能享受永恆的幸福。不對，一開始有人跟你簽約嗎？

在哈佛大學教授倫理與幸福、心理韌性等相關課題的組織行為學博士塔爾．班夏哈（Tal Ben Shahar）稱這種現象為「到達謬誤」（arrival fallacy）。到達謬誤，類似你拚命爬上山頂，結果發現這座山不是你要爬的那座這種可怕的事情。其實的確跟這差不多。塔爾．班夏哈之前也是一名傑出的壁球選手，他曾經說過，以為只要在大會上獲得優勝，就能度過沒有遺憾的幸福生活。然而實際上迎接他的卻是一股強烈的空虛感。

到達謬誤指的是自己高估了達成某個目標時會感受到的情緒。我們在潛意識中做出情緒推測，認為現在的人生雖然很痛苦，但只要撐過去，就一定會變得幸福。不過，事情真的是這樣嗎？與童話中美好的結局不同的是，在現實中感受到的情緒似乎和按捺不住的幸福感，相距甚遠。

沒有完美的終點

某項研究中，研究人員以大學教授為對象，評估了取得終身教職的群體和沒有取得的群體，在幸福程度上的差異。作為一名教授，是否取得終身教職，對職業的穩定、名譽或年薪等許多部分都有重大影響。所以終身教職對很多教授來說，是迫切想達成的目標。然而研究結果令人意外。實際比較後，兩個群體的幸福程度竟然差別不大。

讓人遺憾的是助理教授的回答。研究人員以助理教授為對象，詢問他們如果取得終身教職，幸福程度大概會到哪裡。令人傷感的是，他們期待的幸福感比取得終身教職的教授，實際上感受到的還要高非常多。

當然，多少要抱有期待，才會提高想達成目標的動力。那麼，對我們在未來會感受到的情緒做出這類錯誤的情緒推測，會在哪方面造成問題？

回答這個問題之前，我們先來看看相反的情況。也就是高估未來會感受到負面情緒的狀況。我們有時會很害怕讓某人失望，這大多是因為讓別人失望所伴隨的那種痛苦的情緒。（先撇除理由的合理性）讓他人難過的罪惡感，還有害怕對方會討厭自己、離開自己，又或是覺得你很無能等這類的擔憂，促使我們產生痛苦的感受。其實在職場上很多人也有這樣的煩惱。

然而，越是過分放大做出讓人失望的決定後感受到的痛苦，我們就越會做出忽略自己的行為。有很高的機率會用過度犧牲自己的方式來回應他人的請求，或是勉強地努力討好他人。也就是說，高估未來會感受到的負面情緒，導致我們做出剝削自己的選擇。因此預測自己未來會感受到什麼情緒，對現在這個瞬間做的決定有非常深刻的影響。

那麼，到達謬誤會用什麼方式介入現在的決定？對達成目標寄予過高的情緒期待，使我們對目標非常執著，卻忽略了對目標本身的思考。如果想度過某種生活的價值觀是你的人生目的，那麼你想得到的成果就是目標。例如：就業、錄取、升遷、學位、買房、六塊腹肌、結婚等。當然為了目標而延期現在的喜悅並不只有缺點。為了獲得珍貴事物而忍耐是很正常的。就像為了即將到來的績效考核而（含淚）放棄濟州島旅行。

不過，如果沒發現自己人生的目的和目標已經產生分歧，還誤以為只要達成目標就會幸福，那會變成怎樣？舉例來說，如果在度過充滿趣味和挑戰性的生活時會感到幸福的人，為了做人人稱羨的工作而選擇了安定的職業，最後會變成怎樣？相反地，如果重視內在的從容和瑣碎日常的人，去做高年薪但分秒必爭的高活動量工作，最後又會變成什麼樣子？結果顯而易見。

完全不知道自己的人生目的則是更嚴重的問題。在只追求目標實現的過程中，總是會一再推延對目的的省思。在這種狀況下達到目標後，湧現的情緒就是空虛。

不要忽略反覆出現的信號彈

一直看著前方奔馳的忙碌生活，不論是誰都很難感受到空虛。因此空虛是在稍微有點餘裕時體驗到的情緒。然而，如果只把那種感受當作「身在福中不知福」，我們就會錯失度過獨特人生的絕佳機會。必須將這種空虛感當作催促我們成長的信號彈。

講到這裡，想跟各位分享一個驚人的人生祕密。其實直到死前，我們一輩子都在成長！精神分析學家卡爾文．克拉魯索（Calvin Colarusso）表示，從出生到死亡，人類的發展都在持續，而且兒童和成人的發展基本上是一致的。精神分析學家瑪格麗特．馬勒（Margaret Mahler）在解釋發展過程的時候提出，嬰兒誕生後至三歲左右，會發生與照顧者第一次分離個體化，然後在青少年時期會發生第二次的分離個體化。而克拉魯索在這基礎之上提出人會在二十到四十歲之間發生第三次分離個體化。（順帶一提，在四十到六十歲之間會發生第四次，而六十到八十歲之間則會發生第五次分離個體化！）

在第三次分離個體化時期的重要課題就是：發展對自己與他人的感覺、與他人形成親密關係，以及更完全地與照顧者分離。我都幾歲了，還在處理跟照顧者分離的課題？你可能會覺得很無言，但實際上，在這時期之前，幾乎沒有人能脫離照顧者的影響。無論是全盤接受照顧者的價值觀，還是接受不了而反抗，在這時期的人之前都是在照顧者的影響之下建立人生目的和價值觀。後來等自己成長到與幼年時期的照顧者相似的年齡時，亦即成長到自己可以照顧別人的年齡時，我們才終於在心理層面上與原先的照顧者成為相互平等的個體。與此同時，我們也能完全確立自己的人生目的、價值觀以及自我認同。這個過程雖然有破殼而出的喜悅，但同時也有混亂和恐懼。那個混亂會以空虛感這個信號彈出現。即使如此還是很慶幸，不是嗎？至少我們的價值觀不用在二十歲的時候憑空出現且瞬間完成。感受到空虛感的那瞬間，才是真正的起點。

為了尋找自我，第三次鐘聲已經響起。當然也可能是第四次或第五次。希望你不要無視，假裝沒聽見，而是仔細琢磨人生的目的吧！這不是什麼很龐大的概念。你只要用心觀察自己的同時，寫下關於自己的使用說明書就行了。「我是不是感覺敏銳的人？什麼時候覺得舒服、什麼時候特別憤怒？跟他人相處時主要有什麼感受？」只要想成是在一一回答這類型的問題，做起來就會很容易。能好好觀察自己的關鍵就是經驗。也就是透過興趣、工作，或是與人的交往，持續累積、活動、思考並感受，然後在過程中不斷試錯。（透過書籍獲取間接經驗也很好）唯有你才能找到自己人生的目的。

希望在你通過某個以為是終點的東西後，終於感受到這意義深刻的空虛，能化為聲音清脆的信號彈，揭示你一生成長的開始。

遇到小事也會爆發的定時炸彈

❖憤怒

上班路就是地獄列車。每行駛過一個車站，人潮就越來越多，今天果然也氧氣不足。終於抵達轉乘站，我正準備下車，結果車門一打開，就有人在其他人下車前一直想辦法擠進來搭車。

「不是啊，我要在這裡下車！」

這是今天第一次發火。好不容易下了車往前走，這回改成一直跟迎面而來的人群擦撞。

「大家走路怎麼都不看前面，光顧著看手機？既然撞到人了，至少裝出對不起的樣子吧？」

這是今天第二次發火。終於到了。距離九點只剩下五分鐘。我趕緊離開車站，不過從天上掉下來的那個是什麼？是雨水嗎？不是的，不會吧……到底是這個世界在惹我生氣，還是瑣碎的小事也會讓我不爽。要怎麼做才能平息我體內湧上來的這把火？

◉

關於曾經流行一時的「韓國人四大詞彙」的梗——只要是韓國人，不用「不是吧、可是、真的、老實說」這些開頭就不會講話。許多人對這個梗都很有共鳴，這些詞彙總是很自然地出現在我們的對話當中。不過，這四個詞彙在某個情境下最常被拿來使用。那就是當我們遇到實在無法接受的事情時。

在那種狀況下，這些詞彙一定會脫口而出。然後接著登場的詞彙就是「怎麼」。「不是吧，身為組長的人怎麼會這樣？」想必這是一個如呼吸般熟悉的例句。雖然是問句的形式，但與其說是在發問，還不如說是在發洩情緒。以「不是吧」作為開頭，並以「怎麼」來銜接的這個句子中所包含的情緒，可以用一個詞彙來概括，那就是「憤怒」。偽裝成疑問的憤怒正在熊熊地燃燒。

其實憤怒是非常自然的情緒。它是很重要的內心信號，告訴你現在發生了嚴重的錯誤。如果遇到委屈也完全不生氣，心中毫無波瀾，我們就沒辦法守護好自己。然而，如果我們太頻繁、太長久、太強烈地感受到憤怒，就會需要一些對策。因為過度的憤怒反而害我們無法保護好自己，甚至傷害到自己。

即使經歷的是相似的事情，但有些人的憤怒指數就是比較高。造成這種差異的原因為何？在仔細說明原因之前，先來瞭解看看你的憤怒具備什麼樣的特性。請從以下兩個想法中選出與自己相符的說明。

① 搭地鐵時，候車的人搶在下車的人之前先上車，是絕對不可能發生的事。
② 搭地鐵時，希望候車的人可以等人都下車後再上車。

第一個是對他人和世界的信念（世界觀），第二個是對他人和世界的期盼。當然，不論其中哪個想法受挫，我們都會感受到憤怒。然而，與期盼落空時不同，世界觀崩壞時感受到的憤怒一定是更大的。因為，當我們對某件事懷抱期待時，其實也意味著我們已經承認那個期待可能無法達成。不過，脫離世界觀的事情大多在我們的意料之外。因此，每次有意料之外的事情發生時，世界觀穩固的人就會體驗到世界短暫崩壞的經驗。所以他們才會質疑「怎麼」會有這種事，並且表示「實在無法理解」。如果單純是期待落空，那麼就算因為眼前的事情而感到傷心，也不至於完全無法理解。

如果你能記住產生憤怒之前的情緒大部分是「威脅感」，這將有助於你理解，為什麼人在世界觀崩壞時會那麼憤怒。把正要下地鐵的你當作透明人，搶先擠上車廂的那些陌生人；看不懂業務報告內容而搞砸事情，卻反過來把責任推到你身上的組長，他們都毫不留情地踐踏你希望世界按照心中預想發展的期待。意料之外的事情就是威脅。而我們的保護本能會自然而然地將這樣的感受，轉化為朝向威脅對象的怒火。

因此為了妥善調節憤怒，得先處理世界觀受挫產生的威脅感。這麼做之後，最終必須從世界觀受挫走向期待受挫，才能降低威脅感的強度，進而降低憤怒的程度。

憤怒不需要具備資格

那麼，在已經感受到憤怒的狀況下，該怎麼做才能調節情緒？最重要的就是，盡快察覺自己正在生氣的事實。人生氣的時候，經常陷入「這件事真的值得生氣嗎？」的想法裡，開始檢討憤怒的合理性。這麼做反而沒辦法充分認知到自己已經生氣的事實，以至於錯失了調節憤怒的最佳時機。但是你得記住一點，那就是感受憤怒並不需要得到允許。感到憤怒的瞬間，最明確的一項事實是，你現在很不愉快且生氣，就只是這樣而已。我們的目標是趕快接受憤怒，然後盡可能活用或調節這種感受來保護好自己。身體即時傳遞給你的信號，就是幫助你察覺憤怒的最有效線索。臉蛋發紅、身體僵硬、心跳加速的同時，呼吸變得急促，聲音在顫抖，忍不住吞口水，這些症狀就是你正在生氣的強而有力的信號。

如果已經掌握到這些狀況，務必為自己爭取至少一分鐘的時間。只有三十秒也好。沒有人能在生氣的當下用華麗的言辭反駁，或是給予強力的反擊。所以不用因為沒能像電視劇中的場景那樣帥氣地應對而感到自責。大部分的時候，與其衝動行事，還不如什麼都不做更好。如果一定要做些什麼，之後再做也不遲。建議大家等一段時間過後，如果還是想做些什麼，到時候再去做會比較好。

爭取時間的辦法在你內心平靜的時候就先想好吧！看是要吃甜甜的餅乾，還是要看喜歡的藝人的照片，又或是去廁所洗個手都好。最有效又最簡單的方法就是緩慢地深呼吸。在血壓、脈搏、體溫和呼吸中，呼吸是唯一一個我們能有意識調節的生理信號。緩慢的呼吸能對身體傳遞訊息，告訴自己：「現在可以冷靜下來了。」

「這件事終究會過去」、「路人甲又在欺負主角」、「沒必要為了我的人生中沒什麼價值的人失去優雅姿態」，平常可以像這樣事先準備好生氣時立刻想起的一句話。

承認可能會發生那樣的事

接著，來思考看看該如何應對生氣的狀況。我們必須絞盡腦汁，盡力想出保護自己的方法。如果沒辦法改變出門時間或交通方式來擺脫上班路上的地獄列車（但也別太早放棄這件事，盡可能地想辦法），就得不顧一切地安撫必須繼續跟無禮又冷漠的陌生人擠在一起的自己。可以戴上耳機確保心理上的空間，或是在腦中想像順利抵達公司後要喝的咖啡或是甜巧克力。當然，地獄列車真的很不容易，不過，**思考各式各樣的辦法本身就能帶來正向的影響。**

最後，如果你認同自己的憤怒可能像前文所述那般，來自於世界觀的崩壞，那麼試著修正一下世界觀吧！舉例來說，你可以這麼做：

「搭地鐵時，候車的人可能會搶在下車的人之前上車。」

這麼做不是要你無力地向那些人的無禮、自私和冷漠屈服。只是要你接受事實——**讓你生氣的事情在這個世界上並非「絕對」不可能發生。唯有這麼做，你才能夠守護自己，不用承受世界崩壞的衝擊。**如果你能察覺自己隱藏在憤怒裡的世界觀和期待、且持續修正自己的世界觀，懷抱期待繼續前進，想必總有一天，「憤怒能化作你的力量」。

我只是一個齒輪嗎？

❖職業倦怠

我在閱讀職業倦怠的相關報導時，目光自然地停留在報導中的檢測量表。

- □ 早上起床後，一想到要上班就既鬱悶又焦慮。
- □ 工作量很大，但對工作本身沒興趣也沒熱情。
- □ 工作時幾乎感受不到意義或成就感。
- □ 下班後或週末的時間，都累到幾乎沒辦法從事其他活動，只是一直休息或是睡覺。
- □ 面對同事或客戶，經常覺得厭煩或生氣。

搞什麼……這完全就是在講我啊！我不想上班，都是機械性地完成工作，做事完全沒有動力，雖然也沒有辛苦到想哭，可是卻沒辦法管理好臉上的表情，只是什麼事都不想做。一有同事跟我說話就覺得很煩，努力工作也得不到應有的回報，每天腦中都有無數多的想法在亂竄，到底是要離職還是跳槽？煩惱到後來又再次去上班……

◉

「大家再見～我要拋開這世上所有的枷鎖和束縛，去尋找自己的幸福了～」這是曾經爆紅的離職梗圖中，某個動畫角色說的台詞。極致想拋開枷鎖和束縛，這種狀態換句話說就是職業倦怠。雖然最近大家幾乎都有接觸過職業倦怠這個詞彙，不過關於這個詞彙實際上意味著什麼，每個人的認知都稍有不同。很熟悉卻依然有點模糊的「職業倦怠」到底是什麼？

我的狀況是職業倦怠嗎？

一九七四年，心理學家赫爾伯特．弗瑞登伯格（Herbert Freudenberger）發現在自己任職的紐約市免費診所，所有的員工，包含（！）他自己身上都出現了一個共同的現象。許多處境急迫的人過來尋求幫助，而他們必須持續回應那些請求。在這個過程中，他們逐漸開始懷疑自己的能力。後來變得極度疲憊，出現長期頭痛、腸胃不適等生理症狀。甚至漸漸地失去工作的動力，感受到精神上的耗竭。最明顯的問題就是「去個人化」。他們心中原本都充滿了理想和熱情，但不知不覺中開始對患者和診所忿忿不平，出現去個人化的症狀（我猜可能很多人都對這個段落特別有共鳴）。弗瑞登伯格為了給這種現象一個明確的定義，第一次提出「職業倦怠」（burnout）這個詞彙。後來，隨著時間的流逝，雖然職業倦怠沒有在醫學上被歸類為一項疾病，但已經被世界衛生組織（WHO）正式納入國際疾病分類，稱呼它為一種「職場現象」。

研究職業倦怠的權威學者克里斯蒂娜．馬斯勒（Christina Maslach）指出，職業倦怠的三大核心要素為：精神耗竭、去個人化、成就感低落。她認為內心是否沒有餘裕、強烈感受到疲勞和負擔（精神耗竭）；是否無法對他人產生憐憫的情緒、變得憤世忌俗

（去個人化）；是否缺乏完成某件事的成就感（成就感低落）為最重要的判斷基準。以這三項內容為基準來檢視，可以幫助我們掌握自己目前的狀態。

情緒耗竭或成就感低落在直覺上不難理解。然而去個人化具體指的是什麼？去個人化的定義是無法同理或憐憫他人，反而覺得他人很可笑、厭煩，並且產生敵意。認為自己和他人並非一個完整的人格體，只是為了特定目的而存在的工具，這種態度就是去個人化的表現。「在公司哪有辦法成長……就憑我，根本什麼都不是。我只是賺錢的機器而已。」如果像這樣習慣性地把身為人的自己貶低成工具，等於深受去個人化的影響。

職業倦怠對我們的影響

關於職業倦怠的另一項重要事實，就是它有傳染性。以下，來探討一個以高中教師為對象的研究。研究人員將參與研究的教師分成兩組人。然後讓A組人看對教師工作做出負面評論的採訪，讓B組人看教師針對與學校無關的主題做出負面評論的採訪。結束後，比較兩組人職業倦怠的程度。驚人的是，研究結果顯示，A組人感受到的職業倦怠程度遠高於B組人。

研究人員以「社會比較理論」來說明這項結果。人們傾向於透過他人的反應來定義自己對某個主題的態度，藉此降低情緒上的不確定感。因此，從事相似工作的教師看到他人對自己的工作表現出負面態度時，很容易把那個意見照單全收。

檢視看看自己平常是否和習慣性抱怨工作、抱怨公司體制的同事待在一起，又或是有沒有經常接觸抱怨職場生活的社群媒體文章。這些處境相同的告白，有時會像汽水一樣讓你內心暢快，有時也會帶給你溫暖的安慰，但有的時候他們的職業倦怠也可能直接傳染給你，所以必須多多留意。

那麼，職業倦怠會對我們造成什麼影響呢？可以確定的是，如果職業倦怠的狀況持續不斷，你就會越來越難調適負面刺激所引起的情緒。以下，來看一個在瑞典進行的實驗：研究人員給正處於職業倦怠的群體和沒有相關症狀的群體聽突然爆炸的聲音，用這樣的方式對受試者施加刺激，然後再透過貼在他們臉頰上的電極來偵測反應，觀察兩個群體的表現。兩個群體（當然）都對刺激做出負面的反應。但兩者的不同之處在於，職業倦怠的群體在降低負面情緒的環節中，顯然比另一個群體感受到更大的困難。

在其他天拍攝受試者腦部的影片中，能看到兩個群體在負責掌控恐懼和攻擊性的杏仁核出現顯著的差異。相對來說職業倦怠群體的杏仁核顯得更大，而且跟調節杏仁核活動的大腦區域的連結性也變弱了。意思是，職業倦怠持續越久，相對來說壓力造成的痛苦就會越難調節，陷入一個惡性循環。希望你不要認為：「沒想到連腦神經都出現變化，看來我已經沒救了。」因為職業倦怠造成的腦神經變化並非永久性，只要妥善調節壓力，都是可以恢復的。因此，當你察覺自己產生職業倦怠時，比起陷入「我以後大概就這樣了吧」的想法，更應該思考往後要怎麼照顧自己。

用冷靜的理性思考看看

如果想在職業倦怠的狀態下照顧好自己（雖然有些矛盾），就不該草率地辭職或跳槽。因為越是疲憊，越難做出對自己有利的判斷。雖然辭職的梗圖看了讓我們內心暢快，但實際上你的辭職可能沒辦法那麼暢快。而且帶著「只要不是這裡就好！」的心情倉促地跳槽，稍有不慎就可能招來更大的壓力。**我們該做的第一件事就是先推遲重要的決定，並且調整好呼吸。**

而在你調整呼吸期間，有必要認真地重新評價目前任職的公司。職業倦怠特別會對個人周遭的環境造成絕對的影響。因此，我們有必要用鷹眼來觀察並冷靜分析自己的工作環境，是否真的不管換到哪個部門，環境都不會改變，還是換到其他工作崗位，狀況會比現在更好。以下提供六個馬斯勒提出來的問題，作為重新評價的判斷基準。

①你認為自己的工作量合理嗎？
②你在工作崗位上是否有自由裁量權？
③你是否得到應有的報償？
④你是否滿意跟共事的人之間的關係？
⑤你覺得所屬職場的規則公平嗎？
⑥你覺得自己做的事有價值嗎？與你的價值觀相符嗎？

在此建議各位不要粗略看過就立刻做出判斷。因為這麼做很可能對所有項目給予「否定」的答案。盡可能一個一個謹慎地檢視並思考吧！之前待過的職場會是最佳的比較對象。盡可能積極地研究其他部門或公司的資訊也是很好的方法。這麼做之後，在某方面你可能會認知到這是改變不了的現實，於是決定再多想想能在這裡過得更好的方法；而在某些方面，你可能會認知到現在的痛苦在其他的地方是可以消除的，於是決定離職或是準備跳槽。不管最終你傾向哪一邊，這麼做對你都有益處。因為陷入職業倦怠時，你很可能滿腦子只有極端的想法，在「只要不是這裡就行」和「不管去哪裡都一樣」之間變來變去，所以務必要像這樣具體地重新評價。

如果已經完成了這個步驟，那麼接下來就應該記錄自己人生中認為很重要的價值觀。先隨意寫下腦中浮現的各種事物，最後再把內容縮減至五個以內。

① 簡單地活得長長久久（努力不要帶病長壽）
② 定期和珍惜的人共度美好時光
③ 在我的職涯做出好的成果
④ 為了充裕的生活儲蓄到一定的水準以上
⑤ 培養如同人生伴侶般的興趣

光是這樣寫下來，就能從更廣闊的視角來看待人生。你也會掌握到自己過去是否太側重其中某項價值，又是否太忽略某項價值。接下來，我們試著恢復失衡的價值觀吧！光是思考自己要做什麼嘗試，就能幫助我們與令人厭煩的去個人化稍微保持距離。

哲學家理查德．甘德曼（Richard Gunderman）表示：「累積數百數千個小小的失望，就是職業倦怠的開始。」如果說在工作中累積下來的小失望造成了職業倦怠，那麼反過來，為了照顧自己而累積的小嘗試，最終將能熔化職業倦怠。

當在公司戴的面具太緊時

❖假我

閱讀以下兩個說明之後，猜猜看哪一個是真正的A。

① 在公司中，A是風雲人物中的風雲人物。他總是很體貼地詢問周遭的人有沒有什麼辛苦的事，或是有沒有遇到什麼困難。有A在的場合總是很熱鬧。如果同事有好事發生，他會特地過去祝賀；如果有棘手的工作，他會主動攬去做。他從來不抱怨，簡直就是天使！

② A很神經質且敏感。跟他搭話時，他的反應總是很不耐煩，連表情都皺成一團。一回到家，A的情緒就會低落到像是要挖個洞窟鑽進去那般，總是一臉憂鬱地在滑Instagram，這就是

他的日常生活。大他五歲的哥哥經常說，A是「爛到無可救藥的弟弟」。

好，現在來回答看看吧！這兩個描述哪一個講的是真正的A？

◉

大家似乎已經很習慣聽到「原始角色」和「分身角色」這樣的詞彙了。事實上，早在大家熟悉這類用詞之前，所有人都是在心理上已經擔負「原始角色」的狀態下，同時帶領眾多「分身角色」在過生活。一直以來，許多學者都用各自的用語來替這樣的現象命名。你是否有聽過人格面具（persona）？據說在古希臘，演員在舞台上演出時跟現在不同，都是戴著面具表演。當一個人扮演多個角色，為了方便區分也會戴上面具，而這個面具的名稱就是「persona」。心理學家卡爾・古斯塔夫・榮格（Carl Gustav Jung）將我們接觸外部世界，會表現出來的外在人格定義為人格面具。其實人格面具是正常的心理發展結果，同時也是自己與外部世界之間達成的妥協。雖然人格面具扮演著保護我們的角色，但我們卻經常把面具視作不好的產物。面具就是虛偽、欺瞞、表裡不一，我們時常會用這樣的形容詞來描述它。然而真的是這樣嗎？面具真的就是不好的嗎？

兩個我

還有另一個討論面具的精神分析學家唐諾・溫尼考特（Donald Winnicott）。表示我們出生之後，在發展過程中會形成「真我」（true self）和「假我」（false self）的自我概念。「假我」是從包含照顧者在內的周遭環境中，嬰兒根據感受到的期待或需求而發展出來。也可說是跟自己真正的想法、情緒或信念等不一致的一切的集合體。

有些人可能不太喜歡「假我」這個用詞，那我們可以聯想看看它的另一個稱呼「適應自我」（adapted self）。我們為了與他人相處而發展出來的那個狀態，就是假我。溫尼考特將能表現得端莊有禮的社會化態度，稱為假我。假我能幫助我們跟他人相處更順利。因為當我們赤裸裸地展露真實自我時，對方可能會感到慌張。如果我們穿著內衣去上班，質問大家為什麼不理解自己的真心，大概所有人都會覺得非常尷尬。

另外，假我也有助於自我認同的確立。可以說是一種「自我認同遊戲」。請試著回憶看看吧！想必大家都曾經在小時候覺得某個朋友很酷，或是迷上某個藝人，而在無意中模仿他們說話的方式或筆跡，又或是追隨他們的愛好，甚至跟著買他們擁有的東西。其中某些愛好隨著時間流逝，可能已經變成你的自我認同，而且你連起源是誰都忘了；某些習慣則是在不知不覺中消失得無影無蹤。雖然這大多發生在年幼時期，但長大成人後，還是會發生類似的事情。當我們遇到有魅力的上司、很會說話的朋友和品味高尚的同事時，出於想要變得相似的心情，有時候會偷偷地模仿他們。其中有些東西變成你的自我認同，而有些東西則蒸發不見了。在這樣透過假我不斷地與他人互相影響的過程中，我們成為擁有獨特自我認同的人。

假我有助於成長。一開始只是虛假的面具，但漸漸地我們也變成與那個面具相稱的樣子。企業家兼料理家白種元在某次採訪中提到：「一開始，我是假裝善良，後來受到大家的稱讚，就自然而然用那個樣子生活了。」就像這樣，假我終究會成為自己的一部分。

我們之所以覺得面具很沉重

那麼，假我什麼時候會造成問題？最嚴重的問題會發生在你不知道自己的真我是什麼的時候。舉一個簡單的例子來說，同事邀你午餐一起吃辛奇鍋，而你其實不想吃辣的食物，甚至吃了還會拉肚子。但是你卻不知道自己的口味和體質，這時就會發生問題。你沒多想就跟著同事去吃辛奇鍋，結果吃了一頓不怎麼滿足的午餐後，下午就開始拉肚子，還狂跑廁所。你越是不知道自己能忍受什麼、不能忍受什麼；喜歡什麼、不喜歡什麼；在什麼時候覺得舒服、什麼時候覺得不舒服，你的真我就會繼續受傷。

當你認為自己的真我全都很糟糕或羞於讓人知道，也會出現問題。假設你判斷自己的口味和體質異於常人，於是想盡辦法隱瞞，認為除此之外沒別的選擇。明明知道辛奇鍋不好吃腸胃又會不舒服，還隱瞞事實笑著跟同事一起去吃飯，結果吃了之後因為後遺症而痛苦不已。如果無條件認為自己的真我很糟糕，在這種狀況中就很難保護自己。

除此之外，被遺棄的恐懼或者認同的需求太大的時候，也可能會過分壓抑真我。如果把特立獨行的結果想得和災難一樣嚴重，那麼在不用那麼想也沒關係的情境下，仍然會做出「哭著吃辛奇鍋」的行為。

還有，面具厚度調節不當時也會出現問題。有時需要像去面試或者參加重要典禮那樣，戴上加厚的面具。然而，與關係親密的人相處時，戴上薄的面具也應該要能充分享受安全感，如果你必須一律戴上厚的面具，生活將會非常辛苦。

最後，如果你將假我和真我劃上等號，相信假我就是真我，將造成很大的問題。我們在生活中會更換許多面具，有時是某人的子女、隔壁部門的金組長、學校的畢業生、大樓的住戶等。雖然每個面具都有融入自己，但是沒有哪個面具完全代表自己。每個面具都是一部分的我們。然而，如果你認為某個面具就是自己，那麼不僅心理上會受到拘束並感到空虛，當那個面具出現傷口時，你也很容易倒下。舉例來說，如果你認為在大公司上班的那個自己才是真正的自己，那麼可能很難靈活地在世上過生活，在培養真我方面也會遇到困難，離開那個職場時，可能有種喪失全部自我的感受。

該怎麼使用面具？

有什麼辦法能不整個被假我吃掉，又能跟假我和平共處呢？方法很簡單，就是按照上述提到的五個問題，反過來攻掠就行了。這次從最後一個問題開始按照順序說明。

首先，務必記得你擁有的各種假我都只是自己的一部分，並非全部的自己。就算你對自己畢業的學校或是職場等任何一個部分不滿意，也絕對不會危及到你的真我。

身邊留一個你能帶著薄面具相處的對象，也是很好的方法。按照親密程度繪製關係的同心圓，並且試著把自己放在中心看看吧！然後跟靠近中心的人相處時，試著戴上比較薄的面具（當然，面具變薄跟沒禮貌是兩回事）。例如：之前朋友提議要吃辛奇鍋，你從來沒有拒絕過，那麼以後你就試著提議去吃別的料理（避免有人誤會，在這裡解釋一下：我非常喜歡辛奇鍋，對它沒有任何不滿）。

另外，也回想看看有契約關係或是有利害關係的人，檢視看看之前自己在他們面前是

否戴上過於厚重的面具。通常這種時候第一個想到的一定是職場。這麼做並不是要你在所有層面都變得坦率。只是想告訴你，在職場上也沒必要每時每刻都戴著一樣厚的面具。至少可以嘗試按照自己的心意選擇中午要吃什麼吧？

接下來很重要的是，**一定要努力遠離「我的真我一定很糟糕，別人都不會喜歡」的想法**。這樣當展露真我被別人發現時，就不用再像發生了大事那樣辛苦地隱瞞。不會因為你不想吃辛奇鍋，就被告上法庭或是被拖去遊街示眾。今天你的真我說不想吃辛奇鍋，別人並不會那麼在意。（再次強調，我非常喜歡辛奇鍋）

最後觀察自己的喜好、價值觀、信念、情緒，看看自己的真我長什麼樣吧！你對什麼很敏感、對什麼很遲鈍、對什麼很能忍耐、對什麼不能忍耐……對自己的真我瞭解得越清楚，就越能控制好假我。

現在重新看看本文開頭時拋出的問題吧！許多人都認為家裡的Ａ才是真正的他，但其實這兩個當中並沒有哪一個是完全真的。**因為我們與他人建立關係的所有瞬間都戴著面具。我們無法不戴上面具，甚至還必須這麼做。我們能做的就是決定要戴上什麼樣的面具**。千萬別忘記，能做出這項決定的權利和義務都在自己身上。

給那些害怕被別人發現自己其實很糟糕的人

❖冒牌者現象

你終於成功跳槽到夢想中的公司。你不僅跳槽到業內數一數二的公司，年薪甚至將近翻倍，來找你合作的客戶也有顯著的增加。家人朋友都來訊祝賀，收到這些祝福時，你正在想什麼？

① 再怎麼想都很奇怪。我為什麼能在激烈的競爭中脫穎而出？一定有其他的陰謀。是這個世界串通起來欺騙我嗎？

② 我就知道會這樣。不選我要選誰？如果他們看見了我的能力，年薪翻倍也是很正常的事。心情雀躍到要飛起來了！

如果你選第二個，我為你的自信鼓掌。然而，可惜的是，社會成就越高的人，答案就越接近第一個。

「大家為什麼想在電影裡看到我？而且我明明不會演戲，到底在這裡做什麼？」這是某個演員在採訪中說的話。她似乎認為自己沒有資格演戲。驚人的是，說這番話的主角曾經獲得二十一次奧斯卡獎提名，為提名次數最多的紀錄保持人，並且總共榮獲三次獎項，她就是梅莉．史翠普（Meryl Streep）。跟她有過類似想法的名人多到數不清。艾瑪．華森（Emma Watson）、娜塔莉．波曼（Natalie Portman）、阿爾伯特．愛因斯坦（Albert Einstein）等，這些在各自領域獲得認可的「終極高手」都是如此。他們都曾經告白，心裡有種世界正在欺騙自己的感覺。

當然，不是名人的我們亦是如此。二〇二〇年一份以在美國矽谷工作的上班族為對象的問卷調查顯示，足足有百分之六十二的人說，很害怕被同事發現自己沒有能力。是什麼讓這麼多人感到不安？

冒牌者症候群

一九七八年美國喬治亞州立大學的寶琳・克蘭斯（Pauline Clance）和蘇珊・因墨斯（Suzanne Imes）初次針對這些人共同經歷的現象進行說明。她們花了五年的時間，與一百五十名在企業、醫療、法律等各領域有高成就的女性進行訪談，其中大多數人即使有很高的成就，卻依然在訪談中告白自己其實不是那麼有能力的人，總覺得自己在欺騙他人！克蘭斯和因墨斯將這種現象稱為「Imposter phenomenon」。中文翻譯為「冒牌者現象」（症候群）。簡單來說，就是認為自己是騙子，很害怕真面目（？）曝光的一種心理現象。他們身上有以下幾個特徵。下方，摘錄了克蘭斯為分析冒牌者現象而製作的測量基準。

① 肩負某項任務時，經常擔心做不好，但最終往往能成功做到。

② 害怕別人評價我。

③ 害怕別人知道我沒有他們想像中得有能力。

④ 當我的成果獲得認可時，傾向於貶低那件事情的重要性。

⑤ 我之所以能做好，都是因為運氣很好。

一般來說，考上迫切想去的職場、跳槽到更好的公司、升遷或是從同事那裡獲得好評時，常常會有這樣的心情。而且，不管競爭是否激烈，都會產生相對應的煩惱。如果競爭很激烈，就會想：「競爭這麼激烈，我被選上如果不是運氣好就是搞錯了，不然無法解釋！」如果競爭不太激烈，就會想：「應該是競爭不激烈，我才好運被選上！」

雖然冒牌者症候群讓人很痛苦，但這並不是一種疾病，即使有這樣的症狀，也不一定都會產生問題。甚至於冒牌者現象還有正向的影響。在一項以三千六百零三人為實驗對象的心理實驗中，發現了冒牌者現象有用的效果。在該研究中，受試者被分成兩組人。研究人員要求其中一組人回想自己的能力被其他人高估的事件，藉此刺激冒牌者現象的產生；至於另一個組人，則是要求他們回想前一天吃過的午餐內容。隨後，對所有的受試者進行了模擬面試。結果顯示，受到冒牌者現象刺激的那組人，在能力展現和建立有效的人際關係等技術層面，獲得了更好的評價。這是因為在冒牌者現象被刺激的狀況下，人們會更意識到他人的存在，所以能夠進行以他人為導向的溝通。

那麼，冒牌者現象什麼時候會造成問題？為了瞭解這點，必須先認識冒牌者現象產生的過程。許多人之所以會出現這樣的心態，其中一個原因就是為了努力保護自己不受到情緒上的傷害。為減少最壞的結果發生時受到的衝擊，才預先做好心理準備，在心中抱著最壞的結果發生時的恐懼。當擔心的事發生時，就能想著：「果然，我就知道遲早會有這一天。」如此減輕自己受到衝擊。這樣的信念正是引起冒牌者現象的原因。

這種努力的結果導致我們的心中同時有兩種恐懼。即對失敗的恐懼，以及對成功的恐懼。竟然害怕成功！雖然這聽起來有點奇怪，但驚人的是，它的確存在我們的潛意識中。因為一旦獲得成功，自己就等於是完美騙過其他人、不當得利的騙子，所以才會感到害怕。

當這兩種恐懼過分放大，造成破壞性的結果時，冒牌者現象就會構成問題。對失敗的恐懼過大時，可能會殘酷地鞭策自己，最終導致職業倦怠；對成功的恐懼過大時，可能連別人看起來能輕鬆達成的事情，也覺得自己沒準備好、沒資格做，因此放棄挑戰而受到損害。

明白不只自己這樣

那麼，有什麼辦法能讓冒牌者現象取得一個平衡？**首先，我們要知道冒牌者現象其實是「多數無知」（pluralistic ignorance）的代表性結果之一**。所謂的多數無知，指的是以為只有自己具備跟團體不同的特性，但其實團體中的多數人都具備那樣的特性。也就是說，雖然你覺得團體中只有自己是騙子，而且這件事情只有你自己知道，但實際上，團體中的多數人各自都有這個想法。這時當你確認到這種情緒，並非你個人才感受到的奇怪情緒時，就會感到安心，並且可以保持平衡的視角。

這種心理學技巧稱作「普遍化」（universalization）。這個方法能提醒你，不只你有那樣的痛苦和擔心。以下，舉一個普遍化能幫上忙的例子。某一天，大學入學後沒過多久，我跟同系的朋友一起走在路上，朋友突然跟我坦白：

「其實，我覺得自己考上大學只是偶然或是搞錯了，不然就是運氣很好。所以沒什麼信心能跟上之後的功課。」

那時我嚇了一跳。因為我正好也有相同的想法。當時我們經歷的就是冒牌者現象。

第二個方法是隨時搜集自己不是騙子的證據。可以隨時搜集一些讚美的話語、信件或是簡訊等，從他人那裡得到的正向回饋，以及像高分這樣的量化評價，然後在每次過度陷入冒牌者現象的時候，就利用這些線索幫助你一邊深呼吸，一邊重新審視自己。這也是一個很好的方法。不一定要是那種證明自己非常卓越、優秀的資料。只要能證實自己絕對不是糟糕的騙子就可以了。

最後你要記住一點，那就是：**不管是誰都會犯錯**。覺得自己沒有實力，只是運氣好才撐過來的這種想法，特別容易在犯下各種或大或小的錯誤時受到刺激。然而，失誤並不能證明你很糟糕。再優秀的人都會失誤。因此小心別被名為失誤的石頭絆倒。

某天，我正在看奧運排球賽，心裡突然有新的感受，那就是連在激烈的競爭中脫穎而出，被選為國家代表的選手，也會因為發球失誤而失分。從某個角度來看，發球練習他們已經做過無數次，可以說「除了吃飯之外都在練習」。但即使如此，他們還是會失誤。更何況連國家代表都不是的我們？有時難免失誤連連。所以希望大家能想想：「國手都會失誤了，我如果不失誤才奇怪。」光是回想自己迷失的時刻，唉嘆自己的真面目終究還是曝露出來，這樣豈不是很吃虧嗎？

你讀到這裡，依然害怕自己真的是個騙子嗎？就一個害怕自己是騙子的人來說，要真的是騙子也很不容易，所以你可以稍微放寬心。你還是覺得自己只是運氣非常好嗎？要當一個運氣特別好到那種程度的人也不容易，所以你可以安心了。

在選擇的瞬間絕不能忘記的一件事

❖認知失調

有一個邪教組織，它的信徒相信到預言的那一天，世界就會滅亡，唯有他們能夠搭乘飛碟（？）透過外星人的幫助，移動到其他行星。為了準備命運之日，有些人整理了所有的人際關係和工作，甚至處理了財產。到了那一天，究竟發生什麼事？世界當然沒有滅亡，外星人也沒有拜訪地球。那麼那些信徒有什麼反應？面對這樣的事實他們會絕望嗎？

深入研究這個邪教組織的心理學家利昂・費斯汀格（Leon Festinger）以認知失調理論著稱。所謂的「認知失調」是指自己的信念、行為，或是外界的現實之間產生矛盾的狀況。然而，人傾向追求自己的信念和行為一致，追求對人生的期待和實際現實狀況一致，所以面對這樣的矛盾會感到焦慮和不適。因此，我們會在不知不覺中動用幾個方法，來努力降低這種不和諧音。

被禁止的不和諧音

看看以下這個狀況：我打從心底信任的同事犯下侵占公款的重大罪行，而這個事實被揭露了。這時，我會有什麼樣的反應？請試著從以下範例中選一個。

① 這不可能。
就算他把公司資金轉移到自己的帳戶，也不能就確實證明他真的侵占了公款吧？
② 果然，我之前就覺得他有時城府很深，有點可疑。
③ 他一定是落入別人的圈套，或是家裡有變故，迫不得已才這麼做。

這是在認知失調的狀況下，我們大多數人會選擇的三種類型。第一種是想盡辦法迴避現實，保護自己對同事的信賴；第二種是為減少衝擊性事實帶來的痛苦，所以改正自己對同事的信賴；第三種是既要保護對同事的信賴，又想接受現實，才合理化他那麼做一定有什麼緣由。

認知失調在我們決定某件事情時也經常會發生。回想看看跟朋友一起去購物時，試穿了好幾件衣服的那種狀況吧！店員一直拿各種衣服給你試穿，你的朋友也幫忙挑選，費心花了許多時間。雖然他們驚呼連連，表示這次試穿的衣服很適合你，但可惜的是，其實沒有任何一件合你的心意。不過，你並不想讓他們的辛勞白費，於是勉強買下了最後試穿的那件衣服然後離開賣場。接下來你會做出什麼樣的選擇？請再次從以下範例中選一個符合的狀況。

①這樣真的不行！現在趕快回去把衣服退掉吧！

↓改變（買衣服）**行為**

②仔細想想，這件衣服好像還不錯。還是最近流行的款式……

↓改變（覺得衣服不怎麼樣的）**想法**

③雖然衣服沒有很滿意，不過有一件這種風格的衣服也不錯。

↓合理化

雖然看到店員失望的表情和朋友失落的表情會讓你心裡不太舒服，但你還是決定聽從自己內心覺得衣服不怎麼樣的想法，去把衣服退掉；配合買下衣服的行為改變想法，認為衣服其實還不錯；為了維護自己即使覺得衣服不好卻還是買下來的決定，尋找其他的理由把整件事合理化。這些都是你可能會採取的方法。

成為容許認知失調的大人的方法

有幾種狀況特別容易誘發這樣的認知失調。

第一、已經投資了許多時間、努力或是資金等資源的狀況。長期投資的股票或不動產一夕之間跌落谷底，是最具代表性的案例。

第二、出現新資訊的時候。如同前述提到的公司同事的非法事件。出現跟自己原本相信的內容完全不同的新資訊時，我們會感到很混亂。

最後，已經做出的抉擇很難或者不可能取消的時候。買了不能退貨的東西，或是很晚才發現自己和伴侶真的不合適等。我們的人生中有無數多這樣的事情。

當然，已經做出的抉擇或是長久以來不變的信念，想如同反掌那般輕易改變，絕對是困難重重。然而，只是很困難而已，並非完全不可能的事。即使如此，如果你還是錯以為自己的選擇和信念不可能推翻，於是輕率地將現在的狀況合理化，就會錯過將損害降到最小的時機。假如你真的做了無法挽回的選擇，那麼為了下一次的選擇，你也需要整理自己真正的想法。

在這種情況下，只有一個辦法讓你做出真心為自己著想的選擇。那就是盡快察覺自己已經陷入認知失調。在認知失調的情況下，我們即使心裡不舒服，還是會本能地去消除認知失調的不和諧音。如果那麼做，我們就會在不知情的狀況下經歷認知失調，然後從前述的三個方法中選一個來模糊這個瞬間。不過，幸好你讀了這篇文章，現在你已經有更高的機率意識到認知失調發生的瞬間。光是聽到談論認知失調的內容，你就能在認知失調發生時振作精神了。

即使如此，你還是有些擔心嗎？那麼，還有一個方法。「總覺得、不該、不曉得為什麼、很奇怪、雖然解釋不清、一閃而過」當這些模糊的不適感出現時，千萬不要錯過。在你急忙消除這一閃而過的情緒之前，先記在心中吧！然後盡可能認真地思考這件事。在心裡想著認知失調這件事，並非欺瞞自己的行為，而是相當需要心理力量和成熟的行為。把不舒服的情緒留在心中，是違反本能的事情，所以當然很不容易。然而，我們負責反省的額葉比想像中的更強大，而且經過反覆的練習就能充分鍛鍊。

這種不舒服的感覺可能會以更具體的模樣在腦中浮現：過去和侵占公款的同事關係緊密的事實讓你覺得很丟臉；對一起選衣服的服飾店店員和朋友感到抱歉。這些不舒服的情緒，例如羞恥心、罪惡感、後悔等，也可視為認知失調傳遞的訊號。

另外還有一個祕訣。你做出某個抉擇後，當別人問你那麼做的理由時，如果你感受到一股煩躁的情緒湧上來，那絕對是發生了認知失調。因為內心深處的不和諧音浮上檯面，所以你才會不耐煩。

現在，我們重新回到開頭看那個邪教組織的例子。教友在世界沒有滅亡的那一天，出現了什麼反應？驚人的是，大多數人都相信是因為他們信仰虔誠，所以人類獲得了救贖，末世也沒有發生，於是他們更努力地過信仰生活。好，這個荒唐的故事真的只是跟你毫無關係的邪教組織故事嗎？

晉升，能不能就當作沒發生？

❖角色衝突

昨天緊急被呼叫到高階主管辦公室。「我最信任你和你的團隊……」其實，主管用這句話開頭的長篇大論，重點就是想將重大的專案交給我們團隊。仔細一聽，是一個截止時間很緊迫的大型專案，這到底是賞還是罰啊……從我跟主管打完招呼到離開辦公室前的那瞬間，董事的臉上始終帶著一抹和藹的微笑，隱約有種無形的壓迫感。

如果你是這個故事中的主角，你會做出什麼抉擇？你會馬上跑回高階主管辦公室，硬著頭皮直接跟主管說你真的很抱歉，但實在沒辦法負責這次的專案？還是你會回到團隊的辦公室，硬著頭皮，哭著拜託組員們這回再辛苦一次？

◉

在職場上，大概沒有比中階主管還尷尬的職位了。把工作分派給組員，會被抱怨工作量太多；不分派工作給組員，又會被埋怨不給人成長的機會。行事果斷會被人說是老頑固；做事慎重會被人說優柔寡斷，批評的箭矢總是射向自己。想給點回饋，就被批評是在微觀管理；嘗試放手時，又被責備是放任不管，讓他們失望。照顧辛苦的組員，就被貼上不公平的標籤；想全部一視同仁，又被說沒能細膩掌握到每個組員的需求。

那些高階主管的態度呢？應對他們不切實際的荒唐要求，總是中階主管的責任。組員的不滿已經在耳邊響起，為什麼高階主管還一直找各式各樣的藉口？他們有時說你自己看著辦，有時又生氣地質問為什麼沒有取得他們的同意就擅自決定。

要負責的事情很多，能動用的權限卻很少，而且自主性還無法受到保障，這就是中階主管的處境。原來職位不僅會影響人，還會帶來壓力嗎？所以中階主管很有可能比總監、高階主管或職員承受更多的心理痛苦。美國哥倫比亞大學的研究團隊以兩萬人左右的全國疫學調查數據為基礎，調查焦慮症和憂鬱症的盛行率，結果根據二〇一五年發表的結果，可以得知擔任管理者角色的人，焦慮症和憂鬱症的盛行率將近一般職員的兩倍。（這時候，我們同情一下坐在隔壁的組長吧……）當然，所有在工作的人都有各自的難處，但這裡想強調的是，中階主管遇到的的確是更刁鑽的難題。

中階管理者在擔任領導者的同時，又得切換模式變成順從命令的人，有時候還必須扮演調解的角色。他有時要傳遞不好的消息，有時又要對抗困難的命令。在有多重利害關係的團體中，他必須根據情況採取相反的態度和心境。人們對於他身為領導者應該具備的模樣，和他身為服從者應該具備的模樣，勢必產生衝突，所以中階主管的難處，跟單純在同一時間做很多事而承受的困難，完全不是同一個層次的問題。

一人分飾兩角的困境

這個現象可以用「角色衝突」（role conflict）的概念來說明。所謂的角色衝突指的是，外界期待的需求和自己能做到的事之間產生衝突。角色衝突可以分成兩種。舉例來說：假設身為交通警察的我逮到違反交通號誌的車輛，結果駕駛剛好是我親近的朋友。

我因為警察這個職業角色和朋友這個私人角色，產生衝突，所以內心非常不舒服。這就是「角色間衝突」（interrole conflict）。是期待一個人扮演多個角色時，角色之間發生衝突而產生的矛盾。

第二種衝突是部長這種中階主管經常會遇到的。雖然擔任的是同一個角色，但是人們對那個角色投射各種不同的期待，而這些期待所產生的衝突就被稱為「角色內衝突」（intrarole conflict）。

雖然兩個種類的衝突都會帶給我們困擾，但是角色內的衝突之所以發生，是因為很難在一個角色的各種期待之間取得平衡，所以會特別辛苦。如果遇到角色間的衝突，可以嘗試對每個不同的角色制定自己的原則，然後在那個界線內忠實於自己的角色。舉例來說，如果你就是前文所述的交通警察，那麼可以按照原則做好該做的事，然後再私底下充分表達對這件事的遺憾，這樣就能繼續維持跟朋友的友好關係。然而，如果遇到角色內衝突的狀況，針對一件事做出決策的瞬間，雖然高階主管會很高興，但組員可能會很難過，另外也可能是相反的狀況。要讓所有人都滿意的可能性非常低。

二〇一九年在英國發布的一項研究顯示，深陷這種角色內衝突的人，對自己有什麼樣的身分認同。研究人員以研究所內身為中階主管的職員和非中階主管的所有職員為研究對象，進行深入的採訪，觀察職員對中階主管從事的工作有什麼認同。他們透過數十次的訪談歸納出一個共同的脈絡，並且經過數據化的統整，最後將結果呈現出來——受試者用幾個詞彙來形容他們對中階主管的身分認同。驚人的是，其中位階比中階主管還高的上位者，最常使用的是「大便」、「排泄物」之類的詞彙。簡而言之，中階主管對他們來說就是「清大便的人」！

那麼，位階較低的人最常用的比喻是什麼呢？是「雨傘」。對他們來說，中階主管是照顧組員、幫助他們提升能力，保護他們不被從各處飛來的糞便擊中的人。

而身為當事人的中階主管，是否覺得自己做的事有滿足這些身分認同呢？答案當然是否定的。因此，他們被賦予了清掃糞便下位者的身分認同，也被賦予了幫人撐傘的上位者身分認同，並且又被賦予了第三個重要的身分認同……即「無能的管理者」（impotent manager）。跟前述兩個身分認同一樣，這也是必然會有的結果。如果一直以來你都很自責，認為自己是一個無能的組長，那並不能證明你真的很無能，只是證明了你是一個非常普通的中階管理者。恭喜（？）你找到中階管理者的身分認同！

你可能會想，現在還開什麼玩笑，但組長「本來」就是這樣。你多少得接受這就是你的宿命。這是第一步。中階主管絕對不可能讓所有人滿意，一定會被某些人討厭。這不是因為個人非常無力或無能。糞便可能從任何地方飛過來，而你不管再怎麼努力撐傘，落下的雨終究還是會打濕衣服。

你反問這不是把個人的無能推卸到職位上嗎？承認位置本身有明確的界限，不是要推卸責任，而是要你客觀且正確地掌握狀況。如果你期待自己總是能順利把事情做到完美無瑕，那等於是期待自己是一個全知全能的存在。因此，帶領團隊的過程本來就是「一團混亂」。不是因為哪裡犯了嚴重的錯誤，而是這件事本來就是這樣。

補償心理

既是清大便的人，也是撐傘的人，又是無力的組長。**為了活下去，我們最先要放下的就是「期待」，別期望自己的體貼會得到別人的感謝。在複雜的利害關係中，我們所做的事，絕對不會像「1＋1＝2」那樣反映出來。同樣的體貼，有的人可能會很感謝，但有的人可能出乎意料反過來責備。**中階主管的傷害大部分都是來自於對人的失望，所以這點真的很重要。

「我還是組員的時候，真的特別討厭加班。所以我絕對不會讓我的組員加班！」假如你帶著這樣的決心努力去實踐。有的人可能會理解你的心意而覺得感謝，但有的人可能會覺得很理所當然，又或是甚至以你想像不到的理由來表達不滿。舉例來說，可能會有人說：「組長太貪心了，什麼都想自己做。」之類的。雖然這很讓人無言，但人本來就是這樣。這時候，犧牲越多的人，越會對人產生幻滅。結果對組員變得過分冷漠。這種狀況對所有人來說，都非常可惜。

因此，有一件事我一定要囑咐。那就是：**即使犧牲換不到感謝也不會太生氣的程度上，去體貼和犧牲就好**。這個基準得由你自己來定。深入思考後擬定自己的基準吧！這是為了所有人好的方法。因為基準一致的人，才能夠帶給許多人安全感。另外，還有一件事你務必銘記在心，那就是，**不僅你的組員和主管，你也要成為對自己友善的夥伴**。

強韌的心理素質並非絕對不變形的心態，

而是能像彈簧那樣縮下去又再展開來具有彈性的心態。

PART

2

我討厭誰，哪些話會傷害我？

學 會 與 人 共 事 的 方 法

如果和同事關係變好，會顯得很不專業嗎？

❖ 親密感

經常一起合作的行銷部同輩的同事，問我這週方不方便跟他一起吃個晚餐。本來平常很多工作就會一起做，所以在公司經常一起吃午餐，閒暇時間也會在茶水間聊聊天……不過，這還是第一次約在公司外見面。如果是你，你會答應這個邀約嗎？

◉

董事說，要鼓勵辛苦的員工並促進團結，邀大家週末一起去爬山；部長一到下班時間就揪大家一起去吃晚餐，完全不會察言觀色。這樣的故事早已成了經典的幽默。當然，在某些地方，這樣的經典幽默依然是現實生活。但即使如此，公司的氣氛的確變得跟以前很不一樣。「公司團結大會」已經變成過去的詞彙，在非中午時段的晚餐時間，尤其又是週五晚上約公司聚餐的組長，也被看作不會察言觀色的人。

隨著時代改變，公司的氛圍逐漸變得更尊重個人。與此同時，也有越來越多人認為，跟職場同事關係太好，是一種不專業或者不夠酷的行為。因此，就算想跟旁邊的人拉近關係，也會擔心被當作不懂得拿捏分寸的同事，所以經常猶豫不決。而且大家都會警告你——跟職場同事變熟，只會受到更多損害。覺得關係親近而公開私生活，卻變成各種謠言的種子；遵循原則跟要好的同事相處，對方卻說：「我以為我們關係很好，你太讓我失望了。」最後關係變得比陌生人更差……網路上許多有經驗的人分享他們的建議，那些人跟職場同事關係變好後，卻因為各式各樣的狀況被反咬一口。

友情究竟是什麼？

用「友情」來形容職場上的親密感，大概會有許多人覺得莫名的違和。或許是因為對許多人來說，友情這個詞彙在腦中的形象都是——一邊喝燒酒一邊跟對方掏心掏肺，袒露在別的地方無法訴說的真心；跟對方說出個人隱藏的祕密，同時還強調：「我只跟你說。」能夠跟對方親密接觸，例如互相擁抱，或者勾肩搭背等。

然而，根據許多與關係或心理相關的研究結果顯示，從定義友情的幾項特性中可以發現，跟職場同事之間的親密感幾乎都能用友情這個詞彙來描述〔實際上還有一個詞彙是「職場友情」（workplace friendship）〕。關於在多個研究中取得共識的友情特性，可以歸納為以下幾點：

① 友情是相對長久、且由兩個人或多個人自發性建立的關係。

② 人會透過友情滿足自己的需求，也會為滿足對方的期待付出關心。

③ 不是基於義務，而是因為開心而在一起。彼此尊重，在需要時互相給予幫助。

怎麼樣？現在你的腦中有想到哪位同事嗎？像這樣仔細審視友情的特性後，你會發現跟自己關係親近的職場同事，反而比幾個認識了很久的朋友，更符合友情的定義。在學生時期原本是親密無間的朋友，現在卻出於義務而見面；或是見面之後，並不覺得愉快，反而時常感到不開心；又或是自己單方面在配合對方等。令人難過的是，如果是這樣的關係，大概就不能再被稱為友情了。

當然，在職場上跟某個人變得親近，的確是一把雙面刃。從許多研究中得出的結論是，職場上的友情沒有絕對的好或壞，它是一種光明面和黑暗面清楚共存的關係。回想看看前述提及的角色衝突吧！職場上的友情，唯有同時扮演好同事和朋友兩個角色，才有辦法存在。

職場上的友情是把雙面刃？

在美國的四所大學以三百名保險公司職員為對象，用「跟職場同事交朋友對他們個人造成了什麼影響」為主題進行了調查。職員分別寫下了在業務上關係靠近的十名同事，以及在工作以外的時間也相處親密的十名同事。而在這兩個名單中重複越多的名字，就代表那個人在職場上是一個能高強度維持「複合關係」的人。所謂的複合關係，是指一個人與他人相處時，扮演兩個以上的角色（例如：朋友兼同事）。跟複合關係強度較弱的人相比，他們在業務上的能力獲得相當高的評價，而且自己在公司裡也感受到更多正向的情緒。然而，他們當中的確有人為了維持兩種關係，而在情緒上感受到高度的疲勞，而且反而影響了他們業務能力的表現。研究結果指出，整體來說，複合關係有很高的機率能發揮正向的作用，但的確也帶給了某些人疲勞。

還有其他研究結果顯示，職場上的友情帶來了負面效果。某項研究指出，當人提出某個有益於公司發展的意見時，如果該意見會對要好的同事造成損害，人們就會變得很難積極提出意見。關係越要好，就越不想讓那個人遭遇不快，所以在該提出意見的時候，會本能地感到退縮。

那麼，我們果然還是應該放棄在職場上跟某人拉近關係嗎？問題並沒有這麼簡單。因為職場上的友情之所以可貴，還有無數多個理由。根據無數多的研究結果顯示，職場上的友情能大幅降低壓力和離職率，還能提高對職業的滿意度和生產力。再加上，這樣的友情甚至能保護彼此的安全！

實際上根據某項以電力公司為對象的研究結果顯示，與職場同事之間的友情，能有效降低事故發生的機率。表示自己在公司有朋友的受試者，其事故發生率比在公司沒朋友的受試者，足足低了百分之二十。之所以會出現這樣的結果，是因為他們會更常提醒彼此要戴安全帽，持續互相鼓勵以消除疲勞，像守護自己的身體那樣守護同事的身體。

在公司有個關係好的朋友，不僅能像這樣在物理上保護我們的安全，還能在心理上帶給我們安定。而且，當我們心裡有安全感的時候，就不會害怕受到責難，而是能更自由地提出構想。當你能夠包容對方，並且相信對方也會這樣對你時，就能在不過度防備的狀態下，舒服地度過將近一整天的時間。

要在職場上維持友誼，真的是很棘手的事。不過，正是因為棘手，才非常寶貴且有價值。即使歲月流逝，有人離職或是換了部門，你們依然持續見面，互相問候，關注對方的成長；在對方身上找到值得尊敬的特質，並且一起度過愉快的時間，這在職場上並非不可能發生的事，也不是不能做的禁忌。

當你察覺在情緒上似乎有點疲憊時，立刻封鎖同事、和對方保持距離，確實可以從源頭阻斷不必要的衝突或是煩惱。但另一方面，這種行為等於自己扼殺了在你一天度過最多時間的空間裡，享受愉快和親密感的機會。如果你擔心人際關係帶來的壓力，那就沒有必要勉強自己。不過，如果你工作時，偶爾覺得可惜或是空虛，那麼鼓起勇氣去嘗試看看，也未嘗不可。今天就對現在你腦中想到的那個人傳達溫暖的問候吧！啊，你可以先回應那個剛剛邀你一起吃晚餐的行銷部同事。

只喜歡我同事的主管

不公平

在我上小學的時期，書桌都是兩人共用的。在橫向的長書桌中間，總是會有一條慎重地重畫過許多次的直線。那時，我們都稱這條線為三十八度線[1]。像這樣公平地分享有限的資源，對小孩子來說也是非常重要且敏感的議題。而且隨著時間流逝，即使我們已經長大成人，公平對我們來說依然很重要。只不過，現在我們眼前的這些問題，不再像幼年時期在書桌上畫線那樣單純，而是有非常多的樣貌、相當的複雜。

多項研究已經指出，在職場上覺得自己沒有被公平對待，不僅造成心理上的痛苦，甚至還會引起高血壓或是代謝症候群等各種生理上的疾病。雖然在任何情況下都可能感受到不公平，但越是在水平的關係中，也就是在處境相對類似的關係中感受到不公平，心裡就會越痛苦。試著想像看看，公司高階主管得到高額獎金，跟同部門同事得到比你多的獎金，哪種狀況會讓你更痛苦？大概是同部門同事得到更多獎金的狀況吧！

這種不公平的感受起源於兄弟姊妹之間的關係。照顧者更常擁抱誰、更關注誰；吃的東西、穿的東西怎麼分配等。覺得兄弟姊妹之間的分配不公平時，所感受到的痛苦其實是非常大的。這些經驗讓我們從小就將憎惡不公平、追求公平的傾向，牢牢地扎根在心中。這樣的傾向從六歲左右開始，變得特別明顯。

1．沿北緯三十八度線繪製的南北韓軍事分界線。

與其看別人獲得不公平的利益，倒不如公平地一起承受損害

以下，來探討一個以孩子為對象的研究。研究人員將馬克和丹這兩個孩子的狀況呈現給受試的孩子們看：他們兩個都把房間打掃得很乾淨，所以得到橡皮擦作為獎賞。這兩個孩子能拿到的橡皮擦總共有五個。研究人員先給馬克一個橡皮擦，再給丹一個橡皮擦，接著又給馬克一個橡皮擦，然後再給丹一個橡皮擦。最後剩下的那個橡皮擦，孩子們覺得應該怎麼處理呢？六歲以上的孩子，有很高比例會決定把橡皮擦丟進垃圾桶，而不是給馬克或是丹。與其讓其中一方沒有理由獲得更多報償，還不如誰都不要拿到。

成長過程中，我們對不公平的憎惡，在八歲的時候又開始出現另一個變化。在八歲之前，孩子大多只會對自己遭受不利的不公平狀況出現敏感反應，但八歲以上的孩子，對於自己獲得益處的不公平狀況也開始表露出不適。這跟孩子越來越能站在他人的立場、推測他人會有什麼想法和感受，有密切的關聯性。如果這種能力發展得好，發展的程度越多，孩子就越會去討厭不公平這件事本身，而無關乎於不公平對自己的影響是正面還是負面。

那麼成人的狀況如何？以下，會介紹一個以成人為對象的著名實驗「最後通牒賽局」。遊戲規則很簡單。研究人員給兩名受試者十萬元，並且指示他們自行分配。於

是，這兩名受試者變成了提議者和反應者。只有提議者可以提出這筆錢按照什麼樣的比例分配。反應者必須決定要接受提議，還是拒絕提議。如果反應者接受了提議者的方案，那麼兩人都可以按照提議者提出的比例分配這筆錢，但如果反應者拒絕了提議者的方案，那麼兩人連一毛錢都得不到。方案只能提一次，而且沒有額外的協商程序，雙方也沒有機會交換角色或是報復彼此。如果是你，你想提出多少金額？另外，不論提議者提出多少金額，你已經準備好都要接受了嗎？

事實上，從金錢利益的層面上來看，不論提議者提出多少數字，都應該要無條件接受才對。因為比起一毛錢都拿不到，至少拿個一萬塊還是比較有利的。對提議者來說也是如此。不管自己提出多少金額，反應者都應該接受才比較有利，所以提出對自己絕對有利的金額才是最好的。然而，實驗結果卻跟這個預想不太一樣。

最多提議者提出來的方案是五五分，而反應者收到八二分或者九一分的方案時，有將近百分之七十的人拒絕了。從這個結果來看，可以得知人們實際重視的是什麼，而且與金錢層面的合理性無關。受到不當的待遇時，哪怕是要放棄自己的利益，也不能讓對方獲得不當的利益。提議者也推測反應者擁有這樣的心態，所以才盡可能選擇了不會被拒絕的分配比例。

就像這樣，幼年時期形成的對不公平的憎惡，雖然對於社會將資源分配給彼此、互相合作等方面有所貢獻，但其實沒能打造出理想的現實。世上的利害關係太過複雜，關於公平的定義，每個人的看法也非常不一樣。大家都知道，現實是很無情的。在這無情的現實中，當我們覺得自己受到不當待遇的瞬間，深深扎根在體內對不公平的憎惡，像是按下按鈕一樣，讓我們反射性地感到憤怒。因此，很容易在還沒準備保護好自己的狀況下，就做出衝動的行為。隨意攔住眼前任何一個同事抱怨；闖入績效考核人員的辦公室跟他追究；在社群媒體上用未經修飾的詞彙陳述自己的經歷等。

不公平的感受就像被踩到底線。瞬間就會回到小時候同齡的朋友或是兄弟姊妹，不公平得到更多的愛和資源的時刻。在那瞬間我們感受到的情緒，包含了憤怒、委屈，還有想報復的心情。務必要記得，這種情緒可能會摧毀你自己。

親愛的老闆

那麼，接下來我們試著寫作看看吧！你大概想問：「我現在既生氣又傷心得要死，你在說什麼蠢話？」雖然你可能很難相信，但的確有研究指出，**在職場上受到不當待遇**

的人，能藉由寫作來減少痛苦的情緒，而且也能恢復到能妥善解決眼前難題的心理狀態。這種名為「表達性書寫」（expressive writing）的獨特寫作方式，最初是由心理學家詹姆斯．佩內貝克（James Pennebaker）提出，目的在於治療有心理創傷的人。這個方法對在職場上遭遇不當待遇的人來說，也有顯著的效果。

這個寫作方式有一個簡單的原則。那就是至少連續書寫四天以上，每天至少寫二十分鐘。只要寫下遇到的事，以及和那件事相關的情緒和想法就可以了。在佩內貝克的研究中，受試者被分成四個小組：一組人只書寫跟不公平經驗相關的情緒；一組人只書寫跟不公平經驗相關的想法；還有一組人只書寫跟不公平經驗完全無關的事。最後研究結果顯示，書寫跟不公平經驗相關的情緒和想法的第四組人，寫作的效果最為顯著。

至於該怎麼寫作，你一定覺得很茫然。首先試著用任何詞彙來描述你的情緒。自由隨意書寫看看。「非常生氣」、「怒火中燒」、「好像燒到全身刺痛」、「想到碎掉的玻璃窗」等等，試著一一寫下你感受到的情緒、感覺、腦中浮現的畫面等內容。關於你內心的想法一樣也自由書寫下來即可——現在的經驗帶給你什麼打擊；這件事對你意味著什麼；之前受到不公平待遇時你是怎麼處理的；你是否在人生中獲得不公平的利益；現在你能做的是什麼、不能做的又是什麼；假如有人有類似的遭遇，你想跟他說什麼。

透過語言將職場上遭受到不公平待遇的想法和情緒組織起來的過程，我們能預防那個

經驗占領自己所有珍貴的日常。你就當作是被騙，試著書寫看看吧！今晚，不妨給那位只喜歡你同事的主管寫一封不會寄出的長信吧！

當上司是老頑固，老頑固是上司時

❖權威

試著閉上眼睛回想那個人吧！那個人是指誰？就是你一上班就會見到的那個人，也就是你的上司。現在你腦中閃過的那張臉，帶給你什麼感受？

◉ 老頑固有幾項讓人反感的共通點。

① 別人說的話聽不進去，總覺得自己的想法是對的。（「不對，才不是那樣！」）

② 除了跟自己合得來的人之外，貶低並批評其他人。（「我真的無法理解他。」）

③ 過度控制別人，自己卻不負責任。（「是嗎？我有那樣做嗎？」）

④ 對私生活或外貌，事事干涉。（「你要不試試隱形眼鏡？別再戴眼鏡了。」）

⑤ 陶醉在過去的光榮裡。（「我以前呢……」）

簡單來說，共情和體貼的能力不足，以自我為中心、且帶有權威式思想的人就是老頑固。這類型的領導者會讓部屬保持沉默，並且降低部屬的創意。關於這項事實，想必不必引用研究數據，大家都能產生共鳴。

問題是，職場上所有的老頑固都是上司。雖然並非所有上司都是老頑固，但所有老頑固一定都是上司。而且不論形式為何，上司都會對我們帶來影響。我們稱這種力量為「權力」。遺憾的是，權力才是能將前述幾個老頑固的共通點都擠到後面去的第一要件。如果手中沒有掌握權力，新進員工就算想成為老頑固也做不到。就算新進員工身上真的具備上述所有的共通點，大概也不會有人為此戰戰兢兢的。

由於有這樣的狀況，所以我們在面對上司時，內心很容易被恐懼給刺激，害怕這人或許是一個老頑固。這被稱作「權威恐懼」（fear of authority）。若說權力是對他人造成影響的力量，那麼權威就是被制度和習俗認可的意識形態的力量。照顧者、前輩、上司、教師、警察等象徵權威的人物就是最好的例子。擁有權威的人可以在制度和習俗的範圍內發揮權力，因此我們心裡多少對權威存有恐懼，這是很自然的現象。就像開車路過路旁的警察時，總覺得他似乎在看自己，身體不自覺就縮了一下。

然而，如果對權威的恐懼過大，甚至覺得那個人擁有的權力大小對自己極具威脅性，那麼就會產生問題。也就是沒辦法將放置在角落的衣架單純看作衣架，而錯以為投射在外的巨大影子才是它的實體。如果對權威的恐懼很大，將導致自己太容易被權威者嚇到，並且過分服從他們提出的要求。或者經常和他們起衝突，對他們產生強烈的怒意。如同在憤怒相關的篇章中說明的那樣，害怕某個東西的情緒很容易連結到憤怒。雖然表面展現的是抗拒權威的態度，但根源的情緒卻十分相似。

詢問自己的內心

那麼，接著看看我們的內心究竟是基於什麼樣的機制，才會被這樣的恐懼困住。首先，來看一個精神分析常會提到的句子：「任何關係都不是新的關係。」

我們面對眼前的上司時，心裡所產生的情緒還包含之前遇到跟這個上司形象類似的人時，持續積累在潛意識中的情緒。因此，當過去擁有權威的人對你造成的傷口和壓抑越嚴重，你現在面對權威的恐懼就會越大。

好，現在試著提取你的潛意識吧！然後仔細思考你對權威有什麼看法。以下，會介紹一個有效的方法。首先，試著一一回想目前為止你遇過象徵權威的那些人。舉例來說：父母、祖父母、老師、長輩、前輩、教授等。然後，再試著回答以下問題。

① 在你成長的過程中，這些人教你用什麼方式對待他們？你學到的是完全的順從嗎？還是需要的時候也能提出自己的意見？
② 哪個人帶給你好的記憶？哪個人帶給你壞的記憶？
③ 是否曾經遭受不當的待遇。例如：被惡言相向、被暴力攻擊、被侮辱、被傷害等？
④ 你認為必須尊重他們嗎？
⑤ 面對他們時，你最主要的情緒是什麼？是很鬱悶又生氣嗎？還是很害怕又緊張？
⑥ 你相信能從他們身上得到幫助嗎？還是覺得他們隨時都會帶給你痛苦？

在你回答這些問題的過程中，就能確認到自己面對權威時抱持著什麼樣的立場。如何？你覺得自己現在對組長的恐懼，是因為過去的記憶才被誇大的嗎？假如是那樣，那你是對組長過度生氣，說出攻擊性言語的那種組員嗎？還是你是過分順從的組員呢？

掌握頑固的性質

如果你覺得只是像這樣檢視自己真實的內心狀態，無法解決問題，那麼接下來就必須準確地掌握對方「頑固的性質」。最先要做的就是，分辨現在你遇到的老頑固是不是惡劣的老頑固。惡劣的老頑固是指直接侮辱人格、時常惡言相向或是給予不合理的考核等，毫無理由地重複做出造成損害的事情，或是刻意散播不好言論的人。對這種人來說，權力只不過是武器，他們幾乎沒有改善的可能。因此，要盡可能跟他們保持距離、避開他們。如果避不掉，那麼就必須做好完善的準備。盡可能別跟他們正面起衝突，而是要一點一點累積證據（錄音、截圖等），搜集起來後，在有需要的時候拿出來用。這種人面對自己的上司時通常很軟弱，所以可以慎重地考慮，在做好萬全準備後報告給上司的上司。當然，搜集證據時必須以實際發生過的事實為主。從結論來說，要盡可能逃離惡性老頑固（逃跑是非常優秀的戰略！），而不得已必須要繼續共事的時候（再次確認看看是否真的不得已吧！），一定要做好充分的準備。然後，如果可以，請在確保有人可以幫你的狀態下迎戰！

如果對方還沒有惡劣到這種程度，但是每次遇到都會讓你很煩躁，那時應該怎麼應對比較好？必須將那個讓你非常憤怒的怪物拉回到一個普通人類的層次。為了做到這點，你得嘗試將那個老頑固看成一個不完美的普通人。這怎麼可能做到呢？雖然這很不容易，但你還是先試著想看看上司和你身為人類的共通點吧！然後再想想他在公務上的弱點（例如：對數字不敏銳）和人性上的弱點（例如：對自己的外貌沒自信），還有他在公務上的優點（例如：擅長撰寫文書）和人性上的優點（例如：出手大方）。雖然在優點方面你應該想不到什麼值得提的，但還是像擠牙膏那樣盡量擠擠看吧！那麼一來，你就會逐漸對「老頑固上司也只是個人」這個事實產生共鳴。並且，之前他對你人生造成怪物般的影響力，也會逐漸縮小至人類的規模。

不論從老頑固上司身邊逃走，還是正面迎擊，又或從人性角度看待，都不是容易的事。然而可以確定，比起什麼都不做，在我們嘗試做點什麼後，所處狀況已經在好轉了。

如何應對反覆無常的上司

❖ 雙重束縛

一定要我吩咐才做嗎？↓主動去做↓那件事你怎麼自己去做？↓被動去做↓一定要我吩咐才做嗎？↓主動去做↓那件事你怎麼自己去做？↓被動去做↓……

不知道就要問↓提問↓這個你到現在還不知道？↓不提問↓不知道就要問↓提問↓這個你到現在還不知道？↓不提問↓……

唉，到底是要怎樣？

◉

你曾經因為「臉蛋善良態度卻很差」的同事而感到混亂嗎？一定有過。我們經常因為一起共事的人態度反覆無常而相當困擾。雖然最讓人困擾的是上司，但即使對方是職位相當的同事或後輩，依然會做出讓你感到困擾的事情。回想看看吧！有些後輩是不是明明表示討厭干涉過多的前輩，但當前輩給他更多的自主權時，他又覺得沒人管而感到失落？這時你難免感到混淆，不曉得怎麼做才是為那個後輩著想。這種混亂的溝通狀態可以用「雙束訊息」（double bind message）或「混合訊息」（mixed message）來說明。

一九五〇年英國人類學家葛雷格里．貝特森（Gregory Bateson）藉由家族關係的觀察結果對外提出警告：持續從他人那裡接收不可能同時滿足的矛盾訊息，具有一定的危險性。這就是雙重束縛的概念。在家庭中很常出現雙重束縛的狀況。試著回想皺著眉頭盯著成績單看，卻跟你說不用太在意成績的父母吧！或者平常總是表現得很冷淡，等孩子悶悶不樂地掉頭要走時，才給予擁抱來表現愛意。或者答應買孩子喜歡的衣服給他，但孩子挑衣服時，又在旁邊說：「那件最近不流行誒，沒關係嗎？」「那件有點貴誒！」「那件看起來有點俗氣。」結果最後還是按照自己的喜好替孩子買衣服。這些情境的原理都是一樣的。

組織也和家庭一樣是透過持續性的互動來運作，所以在組織內出現雙重束縛的狀況，肯定會造成問題。現在你大概能想到一兩個目前為止在工作上遇到的雙重束縛。以下，舉幾個例子看看：

① 「帶著勇於承擔危險的霸氣盡情挑戰吧！」

& 「如果失敗，會有相對應的責任追究。」

② 「要不計任何代價完成這次的專案。」

& 「如果程序和規定上出了問題，就會遭到處罰。」

③ 「可以自由地針對目前的狀況提出意見。」

& （提出意見後）「為什麼對每件事的態度都那麼負面？」

④ 「在我們公司，人是最寶貴的。」

& 幾個月後百分之三十的職員在沒有提前收到通知的狀況下遭到解雇。

⑤ （生氣的語氣）「金代理怎麼到現在還沒來？」

& 「金代理怎麼總是這麼緊張，放鬆不下來呢？」

到底想要我怎麼做？

心理學家保羅．瓦茲拉威克（Paul Watzlawick）指出雙重束縛的狀況有幾個重複的模式——要求某人做某事的同時又禁止他那麼做（①、②）；對正確認知外部世界的狀況做出負面評價（③）；更嚴重的是，要求人擁有與實際體驗到的情感不相符的其他情感（④、⑤）。像是毫不留情地開除職員後，還強迫大家真心相信公司認為人很寶貴。又或是營造出不得不緊張的狀況後，還要求對方不要緊張等。

長期暴露在雙重束縛的狀況下所造成的影響，既隱晦又具破壞性。個人很難擺脫被懲罰的恐懼。總得繃緊神經努力掌握對方真實的想法，因此不得不長期維持在警醒狀態，結果必然出現焦慮症狀。不管選哪邊都無法滿足對方，所以失去自信、責備自己，並且懷疑自己的判斷。持續這樣下去，心理上就會逐漸變得很容易被人操控。

那麼，經常使用雙束訊息的人是抱持著什麼樣的心態？當然會有那種為了自己的利益而刻意採用這種話術和態度的人。因為沒有比雙束訊息更容易同時取得名分和實際利益了。竟然可以雙手不沾血就得到想要的，這有多好啊！不用吩咐困難、辛苦或是違法的事情，就能營造出一種其他人自己「看著辦」的效果。某天就會有奇蹟出現——即使上司大方請客，職員也會自己看著統一菜單，全部都點炸醬麵。

不過，並非所有採用雙束訊息的人從一開始就不懷好意（當然，即使如此，對方還是快鬱悶死了）。他們只不過是害怕自己的選擇遭人埋怨，或是覺得起衝突的狀況特別辛苦，所以才在潛意識中使用迴避策略來保護自己。

不瞭解自己真正想法或情緒的人，也很常會使用雙束訊息。因為他們不瞭解自己的內心，所以才會展現出表裡不一的態度。雖然有時大家會抱怨上司：「我是要怎麼猜中上司的心思啊？」但其實常常連上司都不知道自己的心思是什麼（！）。自己都不懂自己的心了，別人又怎麼會懂呢？結果就會落入你和他都不知道標靶在哪的悲劇。

所以在說明該如何在身處雙重束縛的狀況下採取行動之前，以下會先提出幾個方案，幫助那些不想對他人使用雙束訊息的人。當然，對刻意採用雙束訊息的人來說，這不是他們關注的內容，所以那些人可以直接跳過也無妨。

如果不想使用雙束訊息，最簡單的方法就是做決定的當下，多爭取一些時間仔細思考。越是草率地做決定，越容易拋出模糊的訊息，或是決定之後又改變想法。再加上，如果連原本的決策都忘記了，很容易變成說話不一致而不值得信任的人。**很難做出明確的決策時，就多花一些時間思考，整理好自己的立場再說出來**，這才是比較理想的方法。

另一個方法是，**練習對情緒坦率**。在對別人坦率之前，要先努力對自己坦率。有時候會覺得自己真正的內心很丟臉，讓人很想逃避，或是真的很難明白自己的內心。這種時候，如果反覆思考：「我在這個狀況下真正想要的是什麼？」就會慢慢明白。舉例來說：光是明確認知到自己心裡同時有「想吩咐金代理做這件事」和「怕金代理會抱怨」這兩種想法，就能發揮很大的幫助了。

接下來要做的就是，**鼓起勇氣選擇其中一邊，然後告訴自己是根據什麼做出那樣的選擇**——「即使金代理會抱怨，這件事本來就是他要做的，所以還是要吩咐他去做。」又或是「聽金代理抱怨讓我壓力更大，這次乾脆我自己去做吧！」持續這麼做後，漸漸地你會成為一個能清楚與他人溝通的人，同時也會提升對自己的理解。

成為可怕的人或是不會察言觀色的人

好，那麼接下就來思考看看，該怎麼做才能「相對」容易突破雙重束縛的困境。雙重束縛的定義是以「不可能完美滿足」為前提，所以要想完美地突破困境，也是不可能的事。希望你能清楚認知到這一點。這個階段是最重要的。要記得，就算你沒辦法完全滿足對方，那也不是你的錯，這樣才能避免任人擺布。

最好養成仔細紀錄的習慣。這是為了減少自我懷疑，也是為了減少在未來無辜背負責任的情況。如實記下時間、地點、當時的情形和對方說的話，不僅能在應對上發揮實質的幫助，還能讓你對自己的判斷產生信心。

持續和值得信任的同事交流意見也是非常有效的方法。「你也那麼覺得吧？」針對讓你產生混亂的人確認彼此的感受，可以幫助你確信：「啊，原來奇怪的人不是我。我現在對那個人、還有對這個狀況的判斷是對的。」這能大大幫助你得到安全感。

尤其是現在這個瞬間的決策可能左右專案的重要內容，或是自己可能會背負不當的責任時，務必要確認清楚才行。而且必要時還是要再次詢問，即使對話的過程會讓你不舒服。這時完善的記錄和同事有勇氣的支持將成為你可靠的援軍。當上司反問：「我什麼時候那樣了？」為了不至於說不出話，同時說明那個發言的時機、地點和表達方式會很有幫助。當然，這也可能招來別的嘲諷。「你什麼都記錄啊！好可怕喔！」不過，趁這個時候乾脆當一個什麼都記錄的可怕的人也沒什麼不好的。只要能稍微降低上司反覆無常的舉動就行。

反正在雙重束縛的狀況中，本來就不可能完全滿足對方。因此，不管你做什麼選擇，就算招來負面的結果，也不用太過糾結正確答案到底是什麼。希望你能果敢地選擇一邊後推進看看。不論你是要當一個不會察言觀色的人，（意外的是，這麼做還不錯！）故意點糖醋肉吃，還是要生悶氣點炸醬麵都可以。

如何成為擅長拒絕的人？

❖自我界線

要做的事堆積如山，隔壁組同事卻一直傳訊息邀你喝咖啡。你不得已前往員工餐廳，同事卻跟你聊個沒完。「唉，真煩。有個工作今天下班前要弄完誒……」這時你會做出什麼選擇？

①「你都沒注意到別人的心情，別再喋喋不休講個不停了。」直接轟他一頓後，回辦公室繼續完成工作。

②放棄今天下班前要做的重要專案，直接辭職。

一般人大概會在①和②中間取得平衡點。本篇內容專門為覺得取得平衡點困難的人所撰寫的。在諮商的過程中，有個問題比「該怎麼應對越線的人」這類的煩惱還經常被提出來，那就是：「那個人現在是越線了嗎？」由此可知，要判斷某人是否越線並不件容易的事。雖然有些「線」的劃分能輕易取得大多數人的認同，但也有些「線」的定義存在著嚴重的分歧。如果對方並沒有越過大多數人認同的明確的界線，卻仍然讓你的內心感到不舒服，那時該怎麼做才好？對方並沒有明確地犯錯，所以只要我調節好自己的內心就可以了嗎？你應該會覺得這樣做好像不太適合。

關於這個問題，要從稍微不同的視角來看待「線」才能解開。試著把焦點放在「我的情緒」而不是「錯誤」上吧！這就是「自我界線」（ego boundary）。所謂的自我界線，指能感受自己的身體和內心完全屬於自己的基準。在自我界線內，個人能感受到安全感，且有信心掌控自己的生活。自我界線的分界線和以社會原則為基準的界線不同。

為了健康地判斷該如何對待他人，我們必須瞭解自己的自我界線到哪裡，並且給予尊重。如果忽視自我界線，只以社會界線為基準來判斷，那麼在失去掌控力的情況下，我們也會不曉得該採取什麼樣的態度而混亂不已，以至於沒辦法照顧好自己。

保護自己的「線」

你的自我界線到哪裡，沒辦法由其他人來替你判斷，所以相當困難，但從另一方面來說又很簡單。你覺得不舒服就是不舒服。只不過，正如前述，你覺得不舒服，並不代表是對方的錯，或是要由對方負起責任。

以下，會再說明得更具體一點。自我界線可以分成物理界線、物質界線和情緒界線。物理界線是指個人的空間和時間，還有肢體上的接觸。有些人可能覺得同居人突然進來自己房間也沒關係，但有的人卻不那麼認為。在職場上也是如此。有的人可能覺得同事靠近自己的座位，隨意觸碰書桌上的東西也沒關係，但有的人可能會非常不舒服。當然，那個同事跟自己的關係是否親近也很重要。關於肢體接觸的部分也一樣。有的人在表達親密感時可能會輕拍別人的肩膀，但有的人可能非常討厭那樣的舉動。前述提到的事件亦是如此。在工作期間方便跟同事交談的時間，因人而異。投資在工作、興趣、交友、休息等事情上的時間要怎麼分配，同樣也因人而異。

而物質界線指的是對於分享自己所有物和金錢的看法。有的人可以隨意將自己的車借給同事，但有的人連借車給家人或親近的朋友都會不太舒服。金錢的往來也與這類似。有的人不想跟任何人有財務上的往來；相反地，也有人可以輕易將錢借出去或是跟別人借錢。

最後，情緒界線指的是自己是否被允許對自己的想法和情緒有那樣的思考和感受。在辦公室開冷氣的時候，同樣的溫度，有的人覺得冷，有的人可能覺得熱。關於這部分，你不能對別人說：「這種程度根本不冷。」如果當事人覺得冷，那就是冷。另外，有人收到他人主動釋出的好意會很開心又感激，但也有人覺得很有負擔。即使那份好意沒有越過社會界線，當事人依然有可能不喜歡，覺得很有壓力。

在人際關係中，一定會遇到這種侵犯自我界線的狀況。這通常會將你帶往一個必須拒絕他人的情境，所以最終的關鍵在於「拒絕」。我想回到座位上繼續工作，但同事似乎覺得跟我交談的時間很愉快；同事說，他媽媽的保險業務做得很辛苦，拜託你跟他買一個保險；同事對你的業務有多繁重毫不知情，還拜託你幫他處理一個簡單的業務；下定決心要在週末獨處休息，朋友卻邀你久違地見一面。與社會界線無關，當你的心理界線遭到侵犯時，該怎麼做才能拒絕？而拒絕這件事，為什麼對某些人來說那麼困難呢？

覺得拒絕這件事很煎熬的人，心裡的自我界線可能沒有受到尊重，又或是曾經處在必須以他人的想法和情緒為優先的情境下。舉例來說：有討好他人的壓力（我現在之所以覺得很悲慘，就是因為你拿到一個令人失望的成績。），或是自己的想法和情緒沒有被認可（這麼好吃的東西你為什麼討厭？真奇怪。）對這樣的人來說，很可能光是守住自己的領域就會讓他們產生罪惡感。這時，他們心裡可能會害怕帶給他人傷害、得罪了他人，並因此在最後遭到他人拋棄。

「拒絕敏感度」（rejection sensitivity）過高時會壓抑自己的想法和情緒，所以很難守住自我界線。拒絕敏感度過高的人在條件中立的狀況下，也會事先預想自己會被拒絕，或是被拒絕時感受到比他人還強烈的負面情緒。因為自己被拒絕時感受到的痛苦很大，所以會預想他人也會遭受那種程度的痛苦，因此很難拒絕他人。另外面對別人被自己拒絕後產生的負面情緒，對他們來說本身就像一種拒絕，故心裡會很害怕。

有些人被拒絕時會責怪自己，悲傷和憂鬱都會被放大。另一方面，有些人的憤怒和攻擊性會增強，把一切都怪罪到拒絕的人身上。在拒絕敏感度過高的人當中，越習慣以悲傷和憂鬱來面對拒絕的人，自我壓抑的情況就會越嚴重，所以也會越難拒絕他人。

即使如此，在某些瞬間，我們還是要拒絕別人。最讓人遺憾的情況是，有的人一直拒絕不了而獨自感到辛苦，後來在某個瞬間耐心用盡，於是便將之前壓抑下來的憤怒一次性地發洩到某個人身上。以本篇開頭介紹的案例來說，就是突然對同事大吼，或是突然下定決心辭職。因此，在內心的壓力電子鍋「砰」一聲炸開來之前，必須先一點一點地把氣體往外排。

既困難又簡單的拒絕方法

那麼，應該怎麼拒絕？很多人會把拒絕想得太過嚴重，所以認為必須一五一十地跟對方交代清楚，或是要盡可能地堅決表達立場。如果不這麼做，就會覺得自己很卑鄙或是很卑微。然而，對連開口拒絕都有壓力的人來說，如果還總要保持堅決的態度，那簡直就是龐大的雙重痛苦。**我們只要做到守住自己界線的這個目標就好**。在對方聽得懂的前提下委婉地表達，或是在拒絕時說一句：「很抱歉不能答應你的請求。」即使你不是真的犯錯。有時還可以把責任推卸給外界。

跟對方解釋拒絕的原因也會有所幫助。雖然不用纏著對方解釋，但你明明有讓對方接受的合理原因，卻刻意不跟對方說明，反而會讓拒絕這件事變得非常痛苦又困難。例如：「我也想再跟你多聊聊，但我還有緊急的事情要做，所以好像得先走了。」這麼說比起「你現在在浪費我的時間，一點都不會察言觀色」，又或者完全不解釋就說「我現在要回去了」好多了。

在拒絕的時候，對他人失落的心情，以及當下不得不拜託的立場表示理解，也是一種很好的方法。別人拜託你幫忙處理工作，但你想拒絕時，可以說：「你現在這麼忙，應該很累吧！如果能幫你就好了，但是我手上有好幾個工作趕著做，所以很難抽空幫忙。」能像這樣跟對方說明就很不錯了。

最後，希望你不要抱持著自己的自我界線連一點裂痕都不能有的念頭。自我界線是有彈性的，並不需要完美地守住，只要有努力守護好「大部分」即可。一次沒有畫好界線，不代表你馬上就會變成「軟柿子」，也不代表你已經將自己全都交出去了。只要你保有想守護好自己的意志還有對自己的信心，界線就不會那麼容易消失。

覺得不瞭解你的內心，總是越線的人很討厭嗎？那就拒絕吧！**勇敢拒絕，不讓他人越線，才是能不討厭他人的方法**。覺得拒絕別人的自己很像壞人嗎？無法討好某個人或是讓某個人失望，跟壞事毫無關係。覺得一旦拒絕就會永遠和對方疏遠嗎？如果對方真的因此和你疏遠，那麼總有一天那個人勢必會和你變得疏遠。**如果說有個人的臉色你一定要看，那個人就是「你」自己。希望你能對自己這個人稍微再親切一點。**

「我就是那個看部屬臉色的上司。」

❖緘默效應

想像一下自己是能看透未來所有事情的超能力者吧！這個想像太幸福了嗎？那麼，再追加一個條件。在未來發生的好事和壞事中，你只能預測其中一種。如果是你，會選擇哪一邊呢？

◉

「最近的後輩太可怕了，話都不敢說囉～」像這樣在「最近的後輩」面前大聲說話的人當中，幾乎沒有人是真正害怕後輩，或是要說的話不敢說的。真正害怕後輩的人，只會靜靜地察言觀色。考慮到曾經很難想像除了上命下從以外的溝通方式（當然，現在仍然有這樣的地方），越來越多上級開始顧及後輩的感受，無疑是一個值得高興的變化。因為當你尊重共事的同事時，自然而然就會看對方的臉色。

然而，讓人意外的是，有許多人太顧及他人感受導致內心感到煎熬。作為上司，勢必遇到下達部屬不喜歡的工作指示的時候，但有些上司覺得下達這類指示太過困難，於是獨自去做不符合職責的事，結果導致整體的工作效率下降。同時還默默感到難受，越做壓力越大。何止如此？還會導致部屬沒機會累積多樣化的工作經驗，最終錯過了成長的機會。

最近的趨勢也是造成這種情況的原因之一。最近的績效考核大多都包含了向上考核，也就是下屬對上級的評價，所以導致上級更加擔心自己會怎麼被評價。在總是開放的社群媒體上，隨時都可能出現上級下達不合理指示的傳聞。

沒消息就是好消息？

當然，不想對別人說不好聽的話，是人類普遍的心理，這被稱作「緘默效應」（minimizing unpleasant message effect）。沒幾個人會想傳達壞消息吧？

一九七〇年喬治亞大學的悉尼．羅森（Sidney Rosen）和亞伯拉罕．泰瑟（Abraham Tesser）透過實驗證實，人們不喜歡傳達負面消息給他人。在實驗過程中，受試者以為他們是來評價即將上市的新產品，結果突然有個偽裝成受試者的演員跑出來說：「A在這裡嗎？他的家人打來一通電話，說有非常好（或非常不好）的消息，必須盡快告訴他！」然後就消失不見了。過沒多久，另一個偽裝成受試者A的演員出現，並告訴其他受試者他正在等重要的電話。這時，聽到是壞消息的受試者大部分都只會告訴A，電話已經打來了，但不會說是哪種消息。然而，聽到是好消息的受試者則會告訴A，電話裡要告知他的是好消息。針對這項實驗結果，羅森和泰瑟推翻了「沒消息就是好消息」（no news is good news）的說法，表示「沒消息就是壞消息」（no news is bad news），讓大眾認識到緘默效應的強大威力。

甚至在完全不知道壞消息的收訊者是誰的狀況下，緘默效應依然發揮作用。在另一個研究當中，受試者必須在不曉得收到明信片的人是誰的狀況下，決定是否要寄出好消息（「閣下之前的交易出現錯誤，將退還一百美金給您。」）或是壞消息，（「閣下之前的交易出現錯誤，將向您多收取一百美金。」）。結果如何呢？如同大家預想的，壞消息明信片的寄送率遠低於好消息明信片。

後來這類的緘默效應也在公司、教學場合等實際狀況中反覆被證實。多少能降低緘默效應的其中一個要素是——「即使是壞消息，還是想知道」的當事人要求明確被認知的狀況。但這依然無法發揮戲劇化的效果。由此可知，我們對於傳達壞消息的行為感到愧疚。實際上就算我們根本沒犯錯。因此，許多人乾脆不傳達壞消息，或是拖延著沒能及時傳達，又或是修正後只傳達其中一部分。

除此之外，你的上司之所以很難對你下達不舒服的指示，或是給你負面回饋，還有非常多可能的原因。可能是因為前述篇章提過的認同需求或是拒絕敏感度，也有可能因為他的共情能力。某項研究指出，共情能力高的主管在對部屬傳達負面消息後，心裡所感受到的痛苦會比共情能力低的主管還高，在研究中甚至還觀察到他們出現注意力下降的狀況。而且有時這樣的現象會影響他們解決問題的能力，導致生產效率下降。

還有另一個讓人感到意外的因素，那就是害怕自己擁有的決定權，亦即對於力量的恐懼。或許你會想，有力量不好嗎？但是，力量就是影響力，同時也是責任。隨著你如何做，他人可能會開心，也可能變得不幸。有時這樣的事實會引起恐懼。你會覺得對方聽到壞消息後的憤怒、悲傷和委屈是你造成的。

雖然接收指示的人有時會覺得很無力，但另一方面也因為沒什麼選擇權，心裡會有股微妙的輕鬆感。然而，上級有很多選擇。他可以把棘手的工作分派出去，也可以自己攬下來。他可以指責部屬的工作能力和態度，也可以忽略不管。上級的選擇都需要承擔相對應的責任，而這份責任就變成了恐懼。

內心溫暖，頭腦冷靜

那麼該怎麼做才能稍微比較輕鬆地做到這種痛苦的事呢？首先，你得承認自己沒辦法取悅所有人，而且有時即使錯不在你，還是得扮演壞人的角色。你的部屬有資格成長。因此，即使很討厭，不好聽的話還是要說。做好心理準備後，就從你手中的選項中自由地選一個自己認為最合理的方法吧！

具體來說，用什麼方式說不好聽的話比較好？一般在必須給予負面回饋的時候，按照「稱讚——指責——稱讚」的順序來進行，亦即在負面訊息前後放置正面訊息的「三明治回饋法」，被公認是最有效的方法。雖然這策略有時行得通，但就算前後都用稱讚這塊麵包包住，也可能做出讓人心情不愉快的難吃三明治。那還有沒有更好的辦法？

可以嘗試用共情這塊軟墊來取代稱讚這塊軟墊。如同前述，越是共情能力高的主管，越覺得說不好聽的話很痛苦。然而，如果妥善活用這份共情能力，反而能達到有效的溝通。以下，介紹一個與之相關的研究。在該研究中，有一半以上的受試者看了演員傳達負面回饋的影片，而另一半的受試者看的影片還有追加內容，其中包含了表達同理心的台詞。回饋的主題是：對報告書進行審核後，發現細節不夠充實。再追加了共情台詞的影片中提到：「你是第一次來這個部門，所以要知道報告書裡應該有多少細節，對你來說可能有點難度。」「撰寫報告書很不容易，這個過程的確很困難。」除了這個追加內容外，演員在兩個影片中的台詞、表情和語調都完全一樣。最後的研究結果如何？看了追加共情台詞影片的受試者，表現得比沒看過追加影片的人更正向，而且對於回饋本身的效果也給予更正向的評價。

像這樣，在傳達必須改正的部分或是下達對方不樂見的工作指示時，活用共情能力對彼此都有益處。這類型的關心更能在情緒上安慰到聽者，而且也更有效地傳達內容。只不過，要注意別說的一副你完全瞭解對方的心情似的。

最後，有一個比這更重要的部分，那就是當你因為共情而內心溫暖時，必須讓頭腦保持冷靜。這個意思是不要將對方的行為一般化，並且只專注在工作的具體內容上。舉例來說：「A，你的報告書怎麼每次都這麼糟？」別像這樣講得一副對方總是如此的模樣，還加入「糟糕」這類主觀的表現。而是要具體討論現在要處理的議題，像是：「A，你這次的報告書中需要再追加這樣那樣的細節。」別說：「怎麼老是遲到？你好懶惰。」而是要說：「你一個月至少遲到了三次以上，我們需要來討論該怎麼改善這個狀況。」用這樣的方式傳達意見時，即使不攻擊個人，依然可以進行有效的討論。如果這麼做了對方還是心情不好，該怎麼辦？嗯，那就沒辦法了。這種程度就承受吧！

說不好聽的話時，勢必會伴隨著避不開的痛苦。如果被人討厭，就像是你擁有的影響力所伴隨的稅金。既然都要繳稅，要不要找一個能節稅的方法，而不是直接逃稅呢？

為什麼會毫無理由地討厭一個人

❖ 被動攻擊

部門中，有個人總是會莫名地挑動你的神經。舉例來說，像是以下這樣……

在你暫時離開座位時討論的業務內容，那個人總是不會主動先告訴你。「剛剛有講到什麼重要的事嗎？」即使你這麼問，他也只是回答：「這個嘛，沒什麼……」當你追問：「沒提到什麼相關的內容嗎？」這時他才把事情跟你說。開會時也是一樣，當你鼓勵大家努力工作，為大家加油打氣時，他總是說：「這個嘛，事情能順利當然很好，但不曉得能不能如我們所願……」話都不講完。於是你問他怎麼做才會順利，他又說：「我當然不知道啊，我哪有什麼權力……」句尾再次消音。決定要吃什麼時，他什麼意見都不提，等一週過去之後，才喃喃自語：「不過這週每天都吃韓式誒！好像總是去那幾個地方。」當你聽到這樣的發言時，瞬間煩躁到不行，但又想對方可能沒什麼特別的含意，有可能是自己太敏感，刻意針對這點說些什麼，似乎有點太小題大作……大家有這樣的經驗嗎？

◉

某個人讓你氣得半死，但真要跟他追究，又不曉得該說些什麼。這種狀況出乎意料地經常遇到。不然就是，聽到某句話後瞬間覺得不高興，但卻很難說明自己為什麼不高興。你是否遇過這樣的狀況？又或是在當下不覺得有問題，後來卻越想心情越糟，但又覺得一直反覆咀嚼那件事的自己很可悲？我敢肯定，這種狀況所有人都經歷過。以下，為了仍記憶模糊的人舉出幾個在職場上常見的例子。

① 不曉得是在稱讚還是在調侃，模稜兩可的言論

例）「看來你終於買了新衣服呢！」「你這次的簡報比上次好誒！」

② 習慣性發表貶低自己的言論

例）提到買新車的同事時，發表意見：「也是，林代理本來就很厲害嘛……能買像我這種人買不起的好車，真好。」

③被交付的事情總是毫無誠意只做到最基本的部分

例）你要求對方整理業務相關的資訊，他卻只丟給你幾個網頁的連結。

④撐到最後也不給反應

例）在必須分配工作的狀況下，對方即使讀了訊息，到最後一刻依然不給予回應。

⑤經常拖延或是忘記工作

例）不準時提交會議資料，幾經催促才匆匆忙忙地做完，然後匆匆忙忙地交出來。

⑥看起來心有不滿，卻不說出來

例）擺臭臉大聲嘆氣，還用力敲打鍵盤。詢問他又說沒什麼，只是輕笑一下。

怎麼樣？現在回想起來了嗎？上述列出的幾個行為有一個共通點，那就是不好直接指責對方。不論是什麼，微妙又尷尬的事總是最難處理。而且這些行為都能歸結為一種心理機制，也就是間接表達攻擊性或敵意的「被動攻擊」（passive aggressiveness）。

一九四五年第二次世界大戰期間，美軍的精神科醫師——上校威廉·門寧格（William Menninger）——初次報告被動攻擊的現象，並在報告中描述到故意無能迴避任務的士兵。雖然部分士兵沒有明顯做出反抗的行為，但卻反覆推延命令的執行，或是低效率地處理事情，「隱約」做出妨礙事情進展的舉動。門寧格對這樣的現象表露擔憂。雖然這個現象起於對軍隊這種特殊團體的觀察，但在如今的日常生活中，也經常出現這樣的現象。

長期暴露於高壓統治的環境下，或是解決矛盾的能力不足時，更容易出現強烈的被動攻擊傾向。另外，某種程度的憤怒、攻擊性和敵意，對人來說都是必然會產生的情緒，但如果所處環境不容許懷有那樣的情緒，或是不容許表達那樣的情緒，個人就會受到影響，只能用隱晦又不成熟的方式來表達自己的情緒。

我們為什麼會成為「安靜的暗殺者」

任何地方都能看見被動攻擊的蹤跡。在家庭和親密關係中，已經有許多跟被動攻擊相關的笑話。「我要他把衣服丟進洗衣機裡轉一轉，結果他一邊碎碎唸，一邊真的把洗衣機轉了一百八十度！」「我要他幫忙看一下孩子，結果他也不管孩子會不會受傷，就只是照字面上聽到的那樣，直直站在那裡盯著孩子看！」像是這類談論到配偶的笑話，又或是調侃戀人一邊強調「就說我沒生氣了！」一邊用冷漠的表情坐著不動的情況，全都是在描寫被動攻擊的行為。

這當中，職場又是特別容易發生被動攻擊的代表性場所。在這個空間中，整天有大量的時間要與人緊密相處，但卻沒辦法自由表達個人的情緒。因此，才只能以隱晦的方式來表達憤怒和攻擊性。再加上，職場上還存在職級的差異，很難直接地表露自己的看法。即使對工作指示有所不滿，還是只能按照上級的命令去做。職場就是這樣的地方。

（試著回想看看，最初提出「被動攻擊」概念的地方就是軍隊。）

此外，職場上經常使用電子郵件或通訊軟體，這也助長了被動攻擊的現象。因為間接的溝通方式最適合用來婉轉地表達自己的負面情緒。還有，越是直接陳述意見，越需要承擔相對應的責任，所以人們才會將真實的想法藏得更深，只表現出負面情緒。

因此，在職場上採取被動攻擊卻不自知的人，很可能有他自己的原因。如果公司體制沒辦法給予適當的報償，或是直接表達意見時，容易遭到指責、被迫負起所有責任，那麼想要不表現出被動攻擊的態度也很難。尤其是在上司持續拋出「雙束訊息」的狀況下，這種行為也會成為相對不理想的應對方式。主動做事時，被上司指責為什麼隨己意去做；被動等待時，被上司質問為什麼一定要等他吩咐。不提問，就被質疑為什麼不問問題；開口提問，就被責備怎麼到現在還不懂。在這種把人推入困境的組織中，下位者能做的行為自然相當有限。

大部分的被動攻擊都是在潛意識中發生的，而且在日常生活中也會被用來當作一種自我防衛的策略。因此，沒有人跟被動攻擊毫無關係。舉例來說：拖延不想做的事是非常人性化的行為，不是嗎？所以，被動攻擊本身並不構成問題。只不過，如果有人在跟他人建立關係或者工作的時候，將這種表達方式當作主要且強烈的手段來使用，那麼不僅周遭的人會很辛苦，當事人自己也會很累。周遭的人可能會越來越疲憊，或是按耐不住而情緒爆發。這麼一來，關係很容易就會產生問題，自己也沒辦法好好的發揮能力，也無法健康地紓解憤怒的情緒。

最佳的防守並非攻擊

那麼，有什麼辦法可以妥善應對這種隱隱挑動你神經的被動攻擊？**首先，最重要的就是不要落入陷阱，成為主動攻擊者。**當你對被動攻擊者的憤怒如同綿綿細雨浸濕衣服般逐漸累積起來，後來在某個瞬間突然爆發出來時，你就會成為率先朝對方發火的那個人。沒有比這更冤枉的事了。對不知道內情的第三者來說，你可能會被當作這個情境中「唯一的攻擊者」，這真的太冤枉了。最重要的是，你也會責怪自己沒有耐性，因此產生罪惡感並感到丟臉。所以，不管怎麼說，就算眼前堆了很多木柴，上面甚至還澆了油，你都得小心別成為那個先去點火的人。

當對方隱約有種在嘲諷你的意思時，可以用輕鬆的口吻來確認對方想向你傳達的意圖，藉此迫使對方不得不釐清自己話中的含義。這時的重點在於不要逼問對方。當對方說：「看來你終於買了新衣服呢！」你可以輕鬆地擺出一個哭臉，反問他：「唉唷，我之前的衣服有那麼糟糕嗎？」如果對方表示他並非那個意思，就不要繼續追究了。沒必要再問下去。另外，雖然機率很低，但如果對方回答：「沒錯，很糟糕。」（天啊！）那你就再次做出適度悲傷的表情回應：「嗚……真讓人難過。」然後就結束對話吧！在這種情況下，對於你還有在那個場合的所有人來說，他很顯然就是一個無禮的人。另外，這種情況反覆出現時，對方也會逐漸減少用被動攻擊的說話次數。

設定明確且具體的基準後透明地分享資訊，也是一種有效的方法。為了盡可能減少有人對工作內容裝糊塗的情況發生，可以積極活用電子郵件的副本等功能，讓團體內的所有人都能共享工作內容。**另外，將工作要求具體整理出來，也是一個很好的辦法。**例如：下達指示時，不要說：「請給我跟A業務相關的資訊。」而是要說：「請你將跟A業務相關的資訊摘要成五張Ａ４紙的份量，並且標明出處。」如果在所有的情境中都用這種方式來應對，一不小心就會變成微觀管理，所以只要針對一再困擾你的部分提出具體要求即可。

製造出對方不得不主動的狀況也會有所幫助。像是在聚餐時讓所有職員輪流決定要吃什麼，又或是在會議上要求職員按照「意見＋方案」的形式來表達自己的想法，都會是有效的辦法。

然而，在本篇章的最後，還想補充一句非常重要的話。假如你是組長，而大多數組員的行為都給你一種被動攻擊的感覺……那就有必要檢討看看，你個人或者公司的制度是否正在強化被動攻擊的傾向。要記住，那才是被動攻擊的開端。

背後說壞話的真正作用

❖ 無禮

「態度或言辭不禮貌。」[2]

這是針對什麼詞彙的說明？

◉

有聽過「瘋子守恆定律」嗎？這個帶有玩笑性質的定律，指的是在任何團體內都存在一定數量的怪人，而如果你想不到有誰是瘋子的話，你自己很可能就是那個團體裡的瘋子。類似這種……半玩笑半真心的梗。這種怪人被稱為瘋子，也被稱為反派，他們經常讓周遭的人壓力很大。跟上一篇提到的有被動攻擊型的人不同的是，這些人帶給人的不快感相當的明確，所以你不需要懷疑：「是不是我太敏感了？」從這點來看，他們或許是比較好的類型。

在這個意義上，林恩・安德森（Lynne Andersson）和克莉絲汀・皮爾森（Christine Pearson）將「職場上的無禮」（workplace incivility）歸類為社會壓力的因素之一，並將其定義為「違反互相尊重職場規則的輕微偏差行為，具有模糊的傷害他人的意圖」。雖然還不到毆打他人或是挪用公款的地步，但包含了忽視同事的意見、過分囂張、說出侮辱性言語、用「喂」、「那個」、「那位」取代職級的稱呼、不打招呼、忽視他人的問候、竊取同事的構想等各式各樣的行為。

無禮造成的危害相當龐大。因他人的無禮而束手無策時，不僅業績會變差，還會產生職業倦怠，甚至不惜辭去工作。在無數的危害當中，最讓人遺憾的就是無禮的傳染性。而且那份無禮有時還會朝向團體外的顧客（！）。某次，我到一個職員對彼此不

2・此為韓國 Naver 字典中針對「無禮」一詞的說明。

滿、氣氛緊繃的餐廳裡用餐，他們用同樣的態度接待包含我在內的所有餐廳客人，讓我很錯愕。他們要不就是接單的時候很不耐煩，要不就是覺得客人的要求不可理喻。那種模樣讓我感覺他們之間互相傳染的無禮似乎擴散到外部來了。如果無禮已經延燒至這種程度，惡性循環就會持續發生。客人對服務不滿意，所以會經常投訴，而對此職員又會彼此責備，讓無禮持續蔓延。

從二〇一六年發表的某項研究內容可以得知，無禮有多麼容易像感冒那樣傳染。參與研究的受試者被通知他們是來參加一場與認知能力相關的實驗，並且根據研究人員的指示填寫問卷。這時候，有一個偽裝成受試者的演員晚到實驗室。在這一組人中扮演研究人員的演員，用無禮的態度對待那個遲到的受試者。「你現在是在幹嘛？怎麼能遲到這麼久？我真好奇像你這樣的人之後要做什麼樣的工作呢！已經太晚了，你沒辦法參加實驗。請你出去。」相反的，另一組扮演研究人員的演員，則以相對中立的態度對待遲到的受試者說：「很可惜現在時間已經太晚了，您沒辦法參加實驗。之後如果您再聯絡敝單位，我們會告知您是否有其他實驗可以參加。」

這個突發狀況過去後，認知測驗持續進行，目睹偽裝成受試者的演員遭到責備的那一組人，對「沒好氣的」、「粗魯的」、「冷漠的」、「強制的」等暗示無禮的詞彙反應迅速，速度比另一組人還要快。這結果傳達了一項重要的訊息——光是目睹他人受到無禮待遇的模樣，就會活化與無禮相關的潛意識認知網絡。在我們沒有察覺的狀況下發生的這個現象，就是無禮傳染出去的開端。

以下再介紹一個實驗。在這個實驗中，受試者兩人一組跟彼此進行協商，然後再換另一個搭檔，繼續跟下一個人協商。總共會進行十一次的協商，每次協商結束後，受試者被要求說出對搭檔的好感度。實驗結果顯示，在上一次協商中遇到無禮搭檔的人，在下一次協商時，很容易無禮地對待新的搭檔。也就是說，A對B越無禮，B在下一次的協商就越會對新搭檔C更無禮。被無禮對待時遭到活化的潛意識認知網絡，導致自己實際做出無禮的行為。

被無禮對待的人，對其他人也變得無禮。這種現象還可以用「社會交換理論」來說明。社會交換理論遵循互惠原則，假設個人得到善意，就會以善意來回報。有趣的是，得到善意的人，不僅會將善意回報給善待自己的人，還會對完全不相關的其他人施予善意。當然，無禮也是一樣的。尤其，在組織內這就像涓滴效應一樣，不論是善意還是無禮，都會從位階高的地方，往下流動到位階低的地方。因為要照高位階的人對待自己的態度，同樣回應回去，再怎麼說還是有一定的難度。於是無禮就像這樣傳染出去，從上往下流動，甚至流向包含客戶在內的團體外的人。

一切都會像迴力鏢一樣回到自己身上

因此，跟無禮的人相處時，為了走好自己的路，必須小心別跟那些人抱持類似的態度。這麼說，並不是要從道德的層面來勸說：「唉唷，再怎麼說都不能變得跟那種人一樣！」而是從實用的層面給予大家忠告，因為被傳染無禮的態度，本身就會對我們個人造成損害。

以下來看一個在英國進行的研究。受試者必須觀察一個以電腦為主題的會議，並且評價與會者的表現，然後還要擔任分派工作給與會者的角色。這時有一個演員在與會者中扮演煽動情緒的無禮角色，他對一起開會的人說：「你那個點子好老套喔！」並且自始至終都無禮地貶低其他人。在一旁觀察的受試者當然不喜歡他，而且不僅如此，對於那個人的表現，受試者也給予了負面的評價，甚至還進一步把大家不怎麼喜歡的那種業務分派給他，就像是在處罰他一樣。可見，只要有機會，人們隨時都準備好要教訓無禮的人。也就是說，不論用什麼方式，無禮的人最後有很高的機率會付出代價。

那麼，我們該怎麼應對無禮的人比較好？**如果可以，最好和其他人一起遇到無禮的狀況。如果沒辦法做到，最好在其他人面前遇到。如果這也沒辦法做到，那至少要將自己的經驗分享給值得信任的人。**遭遇無禮的狀況時，我們在心理上可能會感到畏縮，或是過分咀嚼自己的處境，其嚴重程度不亞於接收到雙束訊息或是面對被動攻擊型的人。因此，一定要將自己的經驗跟其他人分享。當其他人能「同理」無禮的遭遇對你造成的痛苦時，痛苦的情緒多少就能得到抒發，有些無禮甚至還能一笑置之。

這樣的嘗試可以被稱作「在背後說壞話」。令人感到驚訝的是，在背後說壞話並非都是不好的，被無禮對待的人們聚在一起分享同樣的經驗，能大幅降低團體內潛在的損害。有時候在職場上，需要在背後說點壞話。「我事情做得那麼糟嗎？」「我活該被無視嗎？」這種不必要的疑問越快擺脫越好，沒有什麼方法比這更有智慧了。**不要獨自承受無禮的對待，就算獨自遇到了，也要跟其他人分享，一起思考看看對策**。可以跟其他人討論看看，有沒有什麼辦法能保護彼此不被無禮的人傷害。然後，互相修復彼此因無禮而承受的損害，同時也叮囑彼此絕對不要變成那樣的人。這麼做可以阻止無禮在團體內傳染開來。

最後想囑咐大家的是，別太過執著於要懲罰對方，一直想著：「我要讓你好看！」雖然大家都希望迎來一個痛快的結局，但是你越想給對方一個慘痛的教訓，就越可能責怪自己無法做到；而勉強自己去做時，又很可能反過來被對方的無禮傳染。鐵了心要無禮的人，反正我們也贏不過，而且完全沒有贏過他的必要。因此，放輕鬆吧！「輸就是贏。」這句話用在這裡正好。

到底什麼是好的團隊？

❖衝突

人事異動後，你作為一名主管，要負責帶一個團隊。以下兩個團隊，你比較想去哪一隊？

□ 一天內就徵求多次意見，為了縮小觀點的差異而引起不少騷動。有時候說話還很刺耳。為了製造出品質更好的成品，所有人都毫不猶豫地提出自己的意見。

□ 談話間充滿了笑聲和溫暖。大家都為了好的成果而費心努力，所以也養成體貼彼此、互相禮讓的習慣。會議中的氣氛總是很和諧。

◉

有人的地方總是有衝突。從瑣碎的壞話或傳聞、到吵得面紅耳赤，又到各種公司內部的政治鬥爭。衝突以各式各樣的面貌出現在我們眼前。不過，幾乎沒有人對衝突這個詞彙有正面的認知。你大概也是一樣，一聽到「衝突」這個詞彙，就會立刻想到較量、辦公室政治、站隊、權術、誣陷等詞彙。然而，衝突其實具有明確的正向功能。假設針對某國的主要問題進行公投時，贊成率足足高達百分之百。那麼這個國家真的沒有任何衝突，是個和平且理想的國家嗎？大概不是。藉由衝突來確認彼此觀點的差異，並且經過持續性的討論來擬定更優質的解決方案，這對一個健康的社會來說，是必要的過程。

孩子成長的過程中也需要衝突。與意見不同的他人在觀點上產生碰撞，然後為了完善自己的主張而煩惱的這個過程，能促使孩子的認知能力和道德性變得更加發達。一提到衝突就經常會聯想到的詞彙——政治——也是如此。組成互利的同盟；主張自己的權利；為說服某個人而在合法的範圍內採取各式各樣的手段——這一切都包含在政治的領域裡。這難道只有壞處嗎？

然而，如果衝突是很棒的概念，我們究竟又為什麼會有這麼負面的看法呢？這是因為現實中的對峙相當容易刺激到我們內在名為「分裂」（splitting）的防衛機制。分裂這種防衛機制是指，對某一個人或是團體的正向看法和負向看法在心中無法整合，因此覺得該對象都非常好，或是都非常壞。

這麼一來，就會將對象過度理想化或是過度貶低。所以在矛盾產生時，分裂這個機制會將自己所屬的團體歸類為善，並且將對方所屬的團體歸類為惡，如此建造出一分為二的世界觀。本來是因為某件事情產生的衝突所造成的問題，不知不覺就因為分裂的防衛機制而演變成人對人，或者團體對團體的衝突。

事實上，這種態度對小孩子來說是很自然的現象。孩子對某個人失望後，經常會忘記之前從那人身上得到的一切關愛，不高興地發脾氣：「討厭！」只要回想看看這樣的場景，就能夠理解了。不過，孩子的情緒又恢復得很快，沒過多久就又會重新靠過去給予擁抱。要像這樣，在對某件事產生矛盾心理——也就是同時懷抱好的情緒和壞的情緒——的狀況下繼續面對，是一件很不容易的事。然而，在成長的過程中，我們逐漸能停止內在的分裂，接受矛盾心理。雖然是這樣，但也只不過是比孩童時期還好些罷了，要完全接受矛盾心理是很困難的。我們內在的孩子就像是痕跡器官一樣殘留下來，不論產生衝突的契機為何，只要一出現衝突，我們就習慣分邊站，一下子喜歡他人，一下子又討厭他人，反反覆覆的。

處理衝突的五種方法

防衛機制對我們有相當深遠的影響，所以要處理衝突真的很不容易。心理學家阿夫薩魯爾・拉希姆（Afzalur Rahim）表示，根據個人「對自我的關心」以及「對他人的關心」的程度，分別有五種不同的衝突處理方式會發揮作用。大致可以分為：整合、競爭、順應、迴避、妥協。「整合」是對自己的需求和他人的需求都展現出高度的關心，並試圖解決衝突的方法。簡單來說，就是尋找一個能達到雙贏的方式。為此，通常都必須直接面對衝突。

「競爭」是只關心自己的需求，對他人的需求毫無關心。動用權力來壓制對方、組成自己的勢力、收買人心或是散播傳聞等方法，都屬於這一類。而比起自己的需求，更關注他人需求的人，則會採取無條件搭配對方的「順應」策略。使用這種方法的人，雖然表面上看起來很平靜，卻很容易被剝削或被操控，不僅在心理上會承受痛苦，也很容易受到實質上的損害。舉例來說：被迫包攬許多無法被記錄在實績中，而且不被他人認同的工作。

而在對自己及他人的需求關心度都很低的狀況下，則會採取「迴避」策略。這類型的人遇到衝突會無條件逃避、不予理會。他們既不贊成也不反對，只是一直保持沉默。

這種時候，對方就會找不到解決衝突的機會，因而感到挫敗；迴避的人也會被排除在重要決策之外，或是沒辦法守住自身利益，而覺得遭到排擠。

最後一種「妥協」則是對自己和他人的需求展現出不多也不少的關心，所有事情都想適當地好好處理。

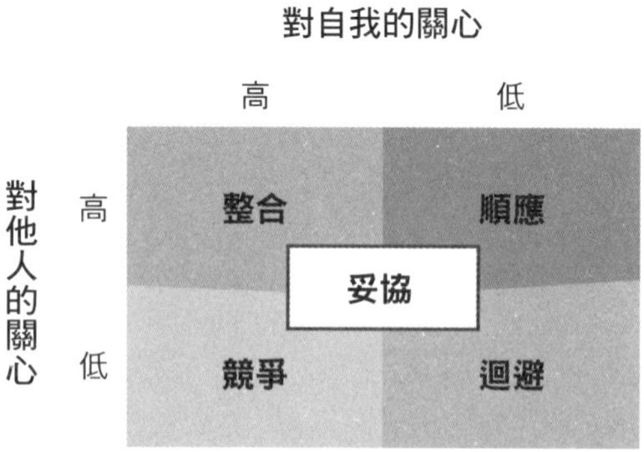

大家可以思考看看，自己在衝突狀況中，最常表現出哪種態度。雖然隨著職級的高低或衝突內容的不同，表現出來的態度也會不太一樣，但大部分人至少都會有一種比較偏好的方式。這套方法也適用於自己在職場外的人際關係，也就是與家人、朋友和戀人之間的相處模式。當你遇到衝突時，在那個當下你會想努力討論自己和對方的期望，然後尋找解決方案嗎？（整合）還是想盡辦法合理化自己的需求，企圖贏過對方呢？（競爭）還是不管衝突內容為何，無條件低頭配合對方呢？（順應）還是乾脆搞失蹤或是躲進洞窟裡呢？（迴避）又或是彼此在適當的範圍內和氣地互相讓步呢？（妥協）

假如順應和迴避是你主要採取的方式，那麼你在生活中的衝突很可能沒有圓滿地解決；相反地，那些衝突在你的記憶中大多還會讓你覺得備受威脅。如果曾經目睹過衝突發生之後，導致其中某個人，或是導致所有人都變得很悲慘的結局，那很可能會出現這種處理衝突的傾向。另一方面，如果競爭是你主要採取的方式，那你有可能經常看到其中一方脅迫另一方後獲勝的模樣，並且認為那麼做才是唯一可行的解決方案。試著回想看看，自己之前在家人和同輩團體中，看過哪種型態的衝突，而那種衝突是如何和自己產生關聯的吧！這能幫助你理解自己為什麼經常使用那種衝突處理方式。

逃跑或是接受

那麼，我們該用什麼樣的態度面對避免不了的衝突？首先要做的，就是分辨自己遇到的衝突是必須趕快逃開的，還是不得不面對的。讓人遺憾的是，在分裂的防衛機制已經蔓延開來的團體中，你只能盡可能地尋找能逃脫的機會。剛才才聚在一起，但其中一人離開座位後，就立刻開始講那個人的壞話；只要不是自己人就出手陷害、想辦法把那人拉下來；團體中所有的主管都在拉攏自己的人、建立派系⋯⋯在這樣的地方，短期內很難遇到有正向意義的衝突。所以，建議大家務必逃到安全的地方，只要有機會就趕快調到其他部門或是離職。

如果你運氣很好，沒有待在那種地方，那麼請記住，不管在哪難免都會遇到衝突，並且思考看看該怎麼應對自己遇到的衝突吧！雖然用競爭方式處理衝突的人，通常很難意識到自己有那樣的一面，但如果你經歷過很多次同事避開你，或是從你身邊離開的狀況，就自我檢視看看，並且也試著練習理解對方的內心吧！

主要使用順應或迴避方式的人，則務必檢視看看自己是否在工作中承受特別多不當的損害？是不是正在經歷原因不明的職業倦怠？因為這跟你處理衝突的方式有很緊密的關聯。以下，有一些話一定要對這樣的人說：「你是不是覺得，只要繼續無止境地配合下去，總有一天對方或公司會看見你默默付出的誠意和真心？如果你真的這麼想，我勸你趁早放下那樣的念頭會比較好。」他們很可能把你的行為視為理所當然，而不是心懷感謝。

為了在衝突中存活，事先定下基準會比較好。例如：我能接受哪一個範圍內的請求？而從哪裡開始又是我該拒絕的？還有，我的私生活要開放到什麼程度？要盡可能在衝突發生之前，或是即使衝突已經過去，依然要在下一次衝突發生之前，事先整理好自己的基準在哪裡。這麼做之後，可以從非常小的事件開始套用看看。不管對方是失望還是傷心，那些反應只要多經歷個幾次，你就能逐漸在衝突的狀況中一點一點地守住更多自己的需求。然後，你就會知道，這才是能讓自己開心長久工作的方法。

如同上述所說的，在人生中，衝突是無法避免的。既然避免不了，那麼妥善處理就是這個問題的唯一答案。因此，關於本篇開頭提出的疑問——在兩個團隊中，你想當哪個團隊的領導者？——其實並不重要。這跟衝突的頻率是兩碼子事，關鍵在於你做為一個主管，想要用什麼樣的方式來處理衝突。

為了演技不斷提升的你

❖情緒勞動

又到了表情管理時間了。跟前輩一起吃午餐的時間真的很痛苦。不僅要一一回應既不有趣又沒意義的玩笑，還幾乎每天都要聽前輩發表他對政治的高見，這更讓人難以忍受。而且他還會旁敲側擊詢問我的看法，只要一猶豫，他就會用意味深遠的表情說：「看來你的想法和我很不一樣。」就算假裝自己什麼都不懂，對世事毫不關心，也只能撐個一兩天。

有聽過「大腦用力」這個說法嗎？這是一個流行語，意思是抑制本能，盡可能發揮意志力來調整言語和行為。雖然從字面上來看，大腦並不是人可以用意志調節的肌肉，所以這句話並不正確，但事實上，似乎沒有比這句話更能體現情緒勞動的表達方式。在職場上，總是免不了要靠「大腦用力」來調整表情、語氣和詞彙。

雖然現在大眾已經對「情緒勞動」很熟悉了，但這個概念的出現其實還沒有很久，它是在一九八〇年代初次登場。社會學家亞莉．羅素．霍希爾德（Alie Russell Hochschild）觀察空服員的工作經驗後，初次替情緒勞動做了以下的定義：「為了讓其他人心情愉悅，用激發或是壓抑的方式來管理自己的情緒，並且透過表情或肢體行為表現出來。」霍希爾德指出，空服員不僅要在機艙走道推著飛機餐專用的沉重手推車，付出體力勞動；要在應對緊急逃生狀況時，付出情緒勞動；還要為了讓乘客在愉快又安全的環境中，享受舒服的體驗而勉強擠出笑容、用親切的語氣說話等，持續付出情緒勞動。自此之後，關於情緒勞動的研究才終於活躍起來。

那麼，為什麼情緒勞動會讓我們感到疲憊？其痛苦來自你實際感受到的情緒和你向對方展現的情緒之間，所出現的落差。這種落差稱為「情緒失調」（emotion dissonance）。當情緒失調發生時，我們瞬間會陷入情緒的衝突而變得緊張。就像我們坐在行駛中的車內時，只要眼睛看見的風景和耳朵前庭系統接收到的訊息出現落差，就會暈車一樣。情緒勞動也會讓我們的內心暈眩。那種緊張感消耗我們的能量，使我們感到痛苦。

那麼，在處理因為對方而瞬間出現的內在衝突時，我們的內在有什麼樣的變化？首先，為了不讓負面的情緒表現出來而盡可能壓抑、隱藏，是最普遍的應對方式。這時所承受的壓力大到驚人。而且，如果這種狀況重複出現，就會有人覺得自己是雙面人或是很虛偽的人。很容易出現自我譴責的狀況。

然而，如果不妥善處理這樣的落差，而是直接表露自己的心聲，我們的處境也會因此變得非常尷尬。這不僅可能造成實質的損害，當類似的經驗反覆出現，我們也可能認為本能產生的情緒很危險且不恰當，並因此害怕自己的情緒。

情緒勞動之所以讓人疲憊還有另一個原因。想必每個人都曾因為在公司付出了極致的情緒勞動，結果回到家裡後，因為一點瑣碎的小事就對家人發脾氣，卻又在事後感到後悔。就像這樣，把自己壓抑下去的負面情緒發洩到親近的人身上後，湧上心頭的那份罪惡感，也是情緒勞動讓人很痛苦的原因。

重複經歷必須付出高強度情緒勞動時，也可能在不知不覺中逐漸貶低自己的價值。雖然覺得對方無禮的態度和任意的評斷並不恰當，卻在不知不覺中將對方的態度內化，按照那人的想法來看待自己，實在很諷刺。這就是情緒勞動最讓人難過和遺憾的後果。

我們內在的小孩

以下，就來了瞭解看看那些逼得我們不得不情緒勞動的人吧！你想問，為什麼要瞭解他們？理解某人和原諒某人完全是兩回事。對他們理解越深就越能找到更好的方法。

驚人的是，這些愛輕視他人的人，心裡竟然會害怕被拒絕。而且他們也有種無力感，覺得自己很軟弱，改變不了狀況，因此他們的言行才充滿怒意、酸味和無禮。想像看看小孩子在超市裡吵著要買玩具，甚至還躺在地上揮動四肢的場景吧！小孩子沒錢也沒能力購買。沒有父母允許，他們絕對不可能得到玩具。於是他們才想盡辦法爭取。

當然，還是個小孩子時，這不會構成什麼大問題。問題是，對所有成人來說，孩童時經歷過的這種情緒和掙扎依然深深扎根在體內。後來，遇到情緒脆弱的狀態時（短暫忘記自己是成人的時候），幼時的情緒就會再次湧上心頭！即便現在已經不再像當年那般無能為力，我們在潛意識中依然會覺得自己沒有力量。因此，在那個瞬間，為了將狀況都在自己的掌控之中，就會譴責他人或是不恰當地使用自己的地位來施壓。

這樣的心理機制每個人都有，但由於各自的經歷不同，所以表現的方式和程度有所差異。小時候感受到的情緒越強烈，往往就會召喚出越強大的力量。在許多研究中都有觀察到，童年時期所形成的對自我及世上的非理性信念——「我隨時都會被輕視」、「相信別人一定會受傷」等，如果沒有妥善調節，成人之後依然會表現出類似的思維，對自己的生活方式和人際關係造成強烈的影響。

保護自己的表演課

那麼，在付出情緒勞動的處境下，要採取什麼策略才能更好地保護自己？以下會介紹兩種策略。**第一、活用「表層演出」（surface acting）。也就是保留內在原始的情緒，只在表面上配和對方來表達。**舉例來說：聽到上司的發言後，心裡一邊想著：「又坐在那裡講無聊又沒意思的話了，你盯著我看又能怎樣？」表面上一邊說：「哈哈，前輩，真的好好笑。你從哪聽來這麼有趣的事情？」這大概是大家都很熟悉的方法。

第二、活用「深層演出」（deep acting）不僅是表面的表達，而是連內在的情緒都一起調整。遇到為了一點小事而找碴的上司時，心裡想著：「也是，在我面前皺眉頭的這個人之所以會變成這樣，之前也受過許多傷害吧！」然後努力憐憫對方，並且表面上也維持著溫和的態度，這就是深層演出。如何？這個方法稍微有些陌生吧？

兩個策略各自都有優缺點。關於這兩個策略中哪個對我們的健康比較有益，也有各種不同的說法，所以很難斷定哪個策略比較好。因此，比起侷限於同一種策略，按照對象並根據自己的狀態來嘗試表層演出和深層演出會比較好。

那麼，什麼樣的情境適合表層演出，什麼樣的情境適合深層演出呢？

首先，表層演出適合用來應對掌權的人。想像看看大家在背地裡說老頑固上司壞話的場景就不難理解了。不構成暴力輕微的壞話，實際上多少能減輕組織成員心理上的痛苦。試著在背地裡模仿老頑固上司講話，跟其他成員吐吐苦水，然後面對上司時，再次回到和善有禮的模樣吧！當你展現出能在電影節上領獎的表層演出時，稍微陶醉在自己的演技中也無妨。

另一方面，嘗試對有可能讓你心生憐憫的對象深層演出。當然，每個人身上或多或少都具備讓人憐憫的經歷。先試著想像每個人都會有的人性弱點，例如寂寞和恐懼之類的情緒，總有一天一定會幫上忙。也可以嘗試在同一個人身上表層演出和深層演出。這時，最好能先透過深層演出減少情緒失調，然後再使用表層演出來應對。

逃跑也沒關係

然而，在嘗試這些策略之前，我們一定要明確地告訴自己一個事實——那就是自己的處境非常不容易，而且現在正在做的事也非常的辛苦。必須清楚認知到，自己隨時都可能會感到倦怠。另外，為了應對這種狀況，最好平常就充分思考自己做的工作有什麼意義，而自己又想從工作中獲得什麼，並且將這些都銘記在心。也就是說，當你不自覺地想貶低自己時，內心的口袋裡得放一些能伸手進去摸一摸的小石子之類的東西。就算只剩下賺錢這一層意義也沒關係。不管怎麼說，在現在這個瞬間，對你而言那就是必須且重要的，所以你才會一天又一天努力堅持下去，不是嗎？

最後有一個方法要特別跟大家強調，那就是逃跑。當然，並不是要你們無條件逃跑，而是「慎重地逃跑」。情緒勞動就像是光譜，不管到哪都無法完全避開，但是一定有某些關係或工作要付出特別高強度的情緒勞動。如果在類似的狀況下，你比其他人更經常感受到強烈的痛苦，那麼那個工作和環境可能不太適合你。這時不要指責無法忍受情緒勞動的自己（無法忍受某件事不該受到指責），而是邊鼓勵自己，邊繼續努力尋找適合自己的環境。你想問怎麼能逃跑嗎？逃跑又怎麼了？逃跑並非壞事。而是規畫和守護自己的人生，務必具備的態度。真心希望有一天，我們的大腦不需要太用力也沒關係。

可以確定的是，比起什麼都不做的現在，

在我們至少嘗試做點什麼之後，所處的狀況一定已經在好轉了。

PART

3

想做好工作，
需要具備什麼樣的心態？

歸 根 結 底 ， 我 們 需 要 產 出 成 果

說服力決定成果

❖ 說服心理學

光是開一次會議，就有許多意見的交流。有些意見在一旁聽時覺得很有道理，而有些意見聽了之後只想趕快說服那些人站在自己這一邊。在這種局勢下，你會是說服別人的那種人？還是被說服的人？如果你通常是說服別人的人，那麼這篇文章跳過也無妨。不過，如果你是另一種人……就專心地閱讀看看吧！

不曉得你有什麼樣的期待，但從結論來說的話，並沒有能讓對方無條件站到你這邊的祕訣。說服他人是很困難的事情。大部分的人都想說服他人，而不是被人說服。基於這項事實，說服無法不困難。因此，許多書籍和內容都在討論說服的技術。不過，有件事讓本來就很困難的行為又變得更加困難，那就是我們對於說服的真正心思。先從這個部分開始思考看看吧！你真心認為讓對方貫徹你的意見，對彼此都好嗎？還是，實際上你覺得那只對自己有益處？

要先說服自己

我們之所以會覺得說服比實際上更困難，是因為無法分辨說服、操縱和控制的差別。一般人都會覺得操縱他人的行為不太舒服。雖然會不自覺地點進標題寫著「掌握他人內心的技巧」的影片，但另一方面又對自己能操縱他人的事實感到害怕。對於控制他人的力量，我們既期盼又害怕，心情十分矛盾。

雖然看起來很矛盾，但我們之所以會有這樣的心理，是因為內在的「超我」（superego）。超我的功能在於進行與道德相關的自我審視，它的力量比想像中來得強大，所以當我們覺得自己似乎在欺騙某個人時（即使實際上並沒有欺騙），就會感到痛苦。當然，也有人不在乎別人變得如何，但大部分的人都會有這樣的感受。「我也很討厭被別人操縱，這樣的我竟然企圖控制別人！」會像這樣產生不舒服的感受。我們意外地（？）沒辦法對他人狠心。

因此，為了說服別人，首先必經的過程就是要說服自己。亦即，要先說服自己，你想推動的方案對自己和對方都有益處。這樣才能在心裡沒有顧慮的狀況下說服他人。說服和操縱的差異在於它們的意圖不同。說服是帶著要操縱某個人的內心提議某件事情，而操縱則是利用對方的弱點來欺騙的行為。再次詢問自己來確認吧！你現在是想說服對方？還是想操縱對方？關於這個問題的看法必須整理清楚，才能產生說服他人時必要條件——自信感。相信該方案對彼此都有幫助，就是能讓自己產生自信的最佳武器。

想像說服雇主為你加薪的情境吧！如果加薪之後，你能帶著更強烈的責任感、更開心地工作，那麼加薪之於你和雇主都是好事。跟某人告白、要求對方和自己交往也一樣。如果你擔心自己無法成為一個好的戀愛對象，就沒辦法好好的說服對方。因為你會預想對方不可能喜歡上你，或是對方就算真的喜歡上你，那也等於是你欺騙了他。只有當你很有自信對方跟你談戀愛一定變得幸福，才能篤定地說服對方。如果你想說服對方的內容，對他一點幫助都沒有，甚至還有害呢？那麼別試圖說服對方會比較好。

盛裝訊息的器皿之所以重要的原因

當你已經說服了自己，並產生能說服對方的自信時，接下來就得關注一下，**要用什麼方式來傳達你想說服對方的內容**。「隨便說說，對方也能聽得懂吧？」絕對不能帶著這樣的期待。好好地說都不見得成功了。尤其是如果表現得過於興奮，將會相當不利。不論你要傳達的內容有多麼真誠，如果傳訊的人很興奮，聽的人就會有壓迫感，反而無法好好的接受訊息，甚至有所防備。就算你說得口沫橫飛，對方可能只會覺得「這個人生氣了誒！」或是「為什麼他看起來那麼焦躁？」當有人在自己眼前表現得很興奮時，我們會本能地感到不安，並且盡力保護自己不被那人所傷害。

接下來，檢視自己說話的用詞吧！你是否頻繁地感到猶豫（例如：「呃……」、「嗯……」），或是經常使用模糊的表達方式（例如：「或許」、「可能」），讓語句的意思變得模糊不清呢？經由實驗證實，這種說話的方式會導致訊息的力量減弱。

在該項研究中，研究人員針對傳達與個人利益或損害無關的內容時，傳達方法是否對說服力造成影響進行了觀察。受試者聽到的內容與他們完全無關，講的是某間大學所有高年級生都必須參加資格考試。對兩組受試者傳達的內容都是一樣的，差異在於對其中一組人傳達時，傳達者看起來沒什麼自信，而且使用了猶豫的表達方式；對另一組人傳達時，則沒有使用那類的表達方式。然而，不管用書面還是語音形式傳達內容，受試者都比較相信後者，並且對該內容表示認同。

所以，**盛裝內容的器皿——你的情緒表達和詞彙選用——必須真誠且簡潔**。不夠熟悉時，一開始反而會像機器人一樣聽起來很生硬，所以要多多練習。當你對提案很有自信時，表達自然也會變得更簡潔。

多利用專家說的話吧！名氣越大越好！

有段時間，曾經很流行將任意一段話，例如「早起吃的漢堡最美味」，跟一個名人，比如知名廚師戈登·拉姆齊的名字和頭像所合成的圖片。這種搞笑梗圖是在諷刺大眾看到專家，尤其是知名的專家時，就會產生信賴感的心理。具有專業性的名人力量就是這麼強大。活用這點吧！

以下有一項研究，說明當大眾受到與名人專業領域相關的刺激時，信賴度和好感度會提高多少。在實驗的第一天，研究人員讓受試者同時看名人的照片和特定產品的照片來給予刺激。受試者先看到的是跟名人專業領域相關的產品，例如：他們會同時看到網球選手安德烈·阿格西（Andre Agassi）和運動鞋的照片。然後再看到跟該名人專業領域無關的產品，例如：安德烈·阿格西和酒的照片。這時，為了觀察受試者大腦的每個領域各自是如何運作，所以採用fMRI（功能性磁振造影）來進行拍攝。從結果可以觀察到，背外側前額葉皮質（DLPFC, Dorsolateral Prefrontal Cortex）、前扣帶皮質（anterior cingulate cortex）、顳上溝（superior temporal sulcus）等，與社會性脈絡及信賴度相關的腦區活化，尤其在受試者看到與名人專業領域相關的產品時，活化程度最為顯著。隔天，研究人員將前天給受試者看過的產品和從未給他們看過的產品任意混合後，選出數百張照片給受試者觀看，測試他們對產品的喜好。研究結果顯示，受試者看到跟名人專業領域相關度越高的產品，表現出來的信賴和好感就會越高。

如何？這就是人類普遍的心理。因此在不違反事實的範圍內，攻略人們想倚賴著名專家所積累的信賴度和權威心理吧！如果能利用他們的形象和言論，就充分利用。

參考「說服的心理學」時必須慎重

有一種在談判時經常運用到的心理學效應——登門檻效應（foot-in-the-door-technique）。指的是向對方提出大的要求之前，先從小的要求開始提出，讓對方容易接受，然後再提出大的要求。這個方法的效果已經過證實，許多網頁在向我們獲取個人資訊時，也會使用這個方法。一開始只要求少量且瑣碎的個人資訊，後來才正式要求更多的資訊。對象在初次同意使用個人資訊時，已經處於心理抵抗力較弱的狀態，所以第二次收到個人資訊使用要求時，很容易就會同意，不會太過抗拒。

然而，有一點絕對不能忘記。那就是這種說服心理學並非毫無例外適用於所有情境。尤其你在一對一拜託某人做事時，對方可能會認為：「我答應這個要求後，之後就不會拜託我別的事了吧！」這時如果提出更大的要求，對方說不定會產生反感而拒絕。

尋找自己與想說服對象的相似處，藉此表達親近感，讓對方打開心房的「相似性法則」也是一樣。藉由同一個學校畢業，或是擁有相同的興趣等方式來吸引對方，有時或許能發揮效果，但也可能意外踩到對方的敏感地帶帶來反效果。尤其在說服有權勢的人，更應該小心。或許有的人很樂見你跟他一樣有相同的興趣，但有的人可能曲解你的意思，心想：「所以你是想怎麼樣？打算和我平起平坐嗎？」所以，在使用眾所皆知的說服技巧時，請務必、務必慎重考慮後再使用。

在重要簡報中使用的心理法則

❖上台簡報心理學

如果你的腦中充滿了點子，而且有心想要打動他人，那麼就不要在意其他次要的細節，把那些都放下也無妨。在演講中，最重要的是內心，不是手或腳的位置。

——戴爾・卡內基

「克服上台恐懼症的辦法」、「如何進行成功的簡報」、「在大眾面前不緊張的辦法」……只要一搜尋，就會找到大量跟上台簡報相關的影片。由此可知，對許多人來說，在大眾面前說話不是一件簡單的挑戰。大多數人都對上台簡報這個行為感到緊張。只是緊張的程度有所差異罷了。如果突然必須在毫無準備的狀況下，站在數百人面前演講五分鐘，究竟有多少人能以平常心冷靜應對呢？除非平常就對這樣的事情非常熟悉，不然肯定很難做到。大概會口乾舌燥、滿臉發紅。那麼，難道沒有什麼方法能幫助我們以稍微舒坦的心態完成簡報，而不是束手無策緊張得要命嗎？

在我心中的不必要的信念

大衛・克拉克（David Clark）和阿德里安・威爾斯（Adrian Wells）表示，越是對上台簡報感到緊張的人，越容易在簡報過程中強化三個不必要的信念。

① 對負面的自己的信念。例如：「我是奇怪的人」、「其實我很糟糕、能力很差」、「我沒有魅力」。

②對高表現標準的信念。例如：「我必須看起來完美、沉著且冷靜」、「我必須做到完美無缺，一點錯誤都不能犯」。

③對會受到社會上哪種評價預設的信念。例如：「如果我看起來很緊張或是犯錯，所有人都會嘲笑我。」

這三個信念的共通點是，腦中充滿了對自己個人的想法，以及假設社會環境完全不友善，甚至具有威脅性。這種信念被強化時，我們體內會出現一種遇到威脅會出現的生理反應。也就是聲音和手會顫抖、臉會變紅，並且冷汗直流。更讓人遺憾的是，精神也會越來越模糊，就是我們經常聽到的，腦中一片空白。而且，簡報者越是在意這樣的生理反應，就會越緊張、越覺得威脅感龐大。然後持續形成惡性循環。

接下來，為了阻斷這個惡性循環，必須仔細檢視自己心中的這三個信念，然後找到專屬於自己的、足以反駁的答案。這個過程不僅能幫助你成功上台簡報，還能培養你的自信，協助你與人建立滿意的關係。

人們知道的沒你想得多

你曾經在ＡＴＭ領了一大筆錢後，走在人潮眾多的路上嗎？當下你大概會瞬間產生一種，路人都知道你身上有一大筆錢的感覺。這種心理就稱作「透明度錯覺」。指人們錯以為自己的內在狀態，比其他人實際看到的情況更加明顯。舉例來說：某人說謊時，認為自己不自覺透露的線索比其他人實際發現的更多。

上台簡報時，透明度錯覺也會支配我們。我們往往錯以為自己在聽眾面前暴露出來的緊張情緒，比聽眾實際能察覺到的更多。因為自己內在的情緒太過強烈，所以才會認為這樣的情緒已經嘩啦嘩啦傾瀉而出。而這種念頭會使我們變得更加緊張，再次陷入惡性循環。不過，大眾對於我們有多緊張其實並沒有想像中那麼關心，而且他們終究無法像我們自己那樣清楚地感受到。

在某項研究中，已經證實了透明度錯覺確實在上台簡報時發揮了作用。研究人員讓受試者針對某一個主題在大眾面前演講三分鐘之後，讓他們對於自己在他人眼中看起來有多緊張打一個分數。大部分人給自己打的緊張分數，都比聽眾實際評價演講者緊張程度的分數，還要高非常多。

想減輕這種透明度錯覺帶來的負擔，其方法出乎意料地簡單。只要對這種現象的存在「有所認知」就可以了！以下，再看另一個研究的內容。在該研究中，研究人員在上台簡報之前，對其中一組受試者傳達與透明度錯覺相關的內容，並且給予鼓勵；而對另一組受試者則只有鼓勵，並沒有告知他們與透明度錯覺相關的資訊。之後，兩組人在同樣的時長中針對同一個主題進行演講，並且讓其他觀察者評價該場演講。評價結果顯示，得知透明度錯覺相關資訊的那一組受試者，跟對透明度錯覺毫不瞭解的另一組受試者相比，看起來比較不緊張，而且表達能力也更為豐富。這個結果很驚人吧！

盡情緊張、盡情興奮、盡情激動

在上台簡報前，人們往往因為緊張而努力想要冷靜下來，平復緊張的心情。有時這樣的嘗試雖然有幫助，但很多時候也毫無效果。這時，刻意保持適度的興奮，反而更有幫助。緊張和興奮的特徵都是高度覺醒的狀態。興奮的時候心跳會加速，緊張的時候心跳也會加速。如果當時的狀況無法靠藥物治療或是深入冥想等方法，來確實降低生理上的緊張感，乾脆就調整自己的行為，去感受其他與生理症狀一致的情緒，這樣反而更有幫助。比起正面對抗緊張，不如乘著緊張的波浪，把情緒轉換成正向的興奮。這麼一來，我們純真的內心就會把當下的生理反應當作一種期待的信號，而不是威脅。

在某項研究中，研究人員要求受試者以「為什麼我是一個好的工作夥伴」為主題，準備一場演講來說服聽眾，並且告知他們將在委員會上揭開審查的結果，如此釋放讓人害怕的訊息，觸發他們緊張的情緒。然後又將受試者任意分成兩組人，要求其中一組人對自己灌輸「我很興奮」的看法，來重新調整情緒；而對另一組人，則要求他們告訴自己「我很冷靜」來重新調整情緒。演講結束後，研究人員要求聽眾回應他們比較想和哪個演講人一起工作，並且描述那個人看起來多有能力、多有說服力，而其中哪個人看起來又比較不緊張。研究結果指出，用「我很興奮」的方式重新調整情緒的那組人，在各個項目中得到的分數，都比用「我很冷靜」的方式重新調整情緒的那組人還要高。

每次上台簡報前，都試著告訴自己：「一想到現在要把我們團隊的成果告訴所有人，我就好興奮！」「好刺激喔！感覺事情會很有趣。」如此將緊張的狀態重新調整成正向且有意義的興奮狀態。覺得有點做作嗎？然而，這些話也是事實。將自己努力準備的成果展現並分享給其他人，的確是一件開心且有意義的事，而且聽眾也不是你要對抗的敵人。我們其實是在各自短暫的人生中，一起分享一段珍貴的時間。這不是地獄，也不是其他什麼，只是人生中的一個場景罷了。

準備一些專屬於自己的可愛小儀式

網球明星塞雷娜・威廉絲（Serena Williams）表示，她在第一次發球前會彈球五次，而在第二次發球前則會彈球兩次。就像這樣，許多運動選手或演奏家都會在比賽或是表演前，進行專屬於自己的獨特儀式，這真的有效嗎？驚人的是，的確有效。當然，這不是因為我們的意識具備什麼魔法能力。而是因為經由這樣的儀式，我們能調解緊張的情緒，獲得掌控感，因此產生能做好的自信。

在某項研究中，研究人員讓受試者解八道數學題，並且為了增加他們的緊張感，而做了以下的引導：「你們要在有限的時間內解八道非常困難的ＩＱ測驗，每答對一題就能獲得獎金。」然後在解題前，要求其中一組受試者被要求靜靜地坐在位置上，而另一組受試者則進行以下的儀式。那個儀式就是：「你們用圖畫來表達現在的心情，然後在圖畫上灑鹽。接著大聲數數喊到五之後，把紙張揉成一團丟進垃圾桶裡。」

讓人難以置信的是，進行這種誇張儀式的小組，在數學考試中拿到的分數比沒有進行儀式的那一組人還高。不僅是數學，甚至在另一項讓受試者唱歌並評估演唱正確度的實驗中，也得出了相同的結果。

所以你也試試看吧！試著在上台簡報前做食指和中指反覆交叉的動作，或是在決賽當天穿著自己喜歡的內衣，又或是在上台簡報的前一天晚上吃大醬湯。**這些儀式將會帶給你力量，幫助你完成一場令人滿意的簡報。**

想想難過的事

最後要提一個當你用了各種方法卻還是無效時，可以嘗試看看的方法。簡報焦慮是來自於你將眼前的情況視為一種威脅的認知。當這個威脅不斷深入下去，最後你要面臨的主題就會是死亡和消滅。被老虎追著跑的威脅、害怕丟臉的威脅，最後都隱藏著人類面對消滅的原始恐懼。也就是現在的狀況讓你瞬間有一種似乎要決定生死的壓迫感。

為了減輕這樣的壓迫感，估量看看現況實際帶來的威脅，將會有不錯的成效。這時，可以試著思考之前已經發生過，或是以後會發生的更龐大的悲劇。想著那些至今為止你在人生中遭遇的極大痛苦和悲傷，還有那些你希望在往後的人生中絕對不要遇到的事情……不知不覺中你會發現，眼前的簡報跟那些事情比起來根本什麼都不是。跟人生的許多曲折起伏比較起來，這真的不算什麼。不論是幸還是不幸，這真的都是事實。

不再只是被通知
而是進行年薪協商

❖ 協商心理學

一年過去後，不知不覺又到了年薪協商的日子。如果是你坐在談判桌前，你會怎麼做？

①我今年的確沒什麼業績……公司提多少就接受吧！

②物價上漲本來就很嚴重了，這次我一定要先發制人！

③考慮到我的業績，薪資漲百分之四也不為過吧！如果被拒絕，我就要辭職！

◉

「年薪協商」，聽到這個詞彙你會產生什麼念頭？如果你經常換工作，或是公司的氛圍可以自由討論年薪相關的話題，那麼你對這個詞彙應該不會太過陌生。然而，目前為止對許多人來說，或許年薪協商這個詞彙仍只有在職業運動選手的新聞中才會看到。因此，才經常有人自嘲：「表面上說是年薪協商，實際上只是通知一下而已。」

雖然年薪協商是在討論自己勞動代價的重要大事，但大部分的人只將它當成一個很彆扭的過程。對此，人們的心境很複雜。有的人覺得要講別人不愛聽的話，心裡不太舒服；有的人害怕被人當成見錢眼開的貪心鬼；有的人覺得跟自己的能力相比，提出要求有點不自量力，因此猶豫不已；也有的人擔心協商不僅會造成雇主的不愉快，還會害自己受到損害。

「竟敢提出這種不像話的要求！協商就到此為止吧！」

聽到這句話的場景彷彿已經在腦中重複播放。不過，先不說其他的，面對面談錢，本來就是一件難事。

即使如此，我們還是要克服不適和緊張，完成這項重要的討論！有研究結果指出，跟直接接受最初的年薪提議的人相比，試圖協商的人平均多賺了五千美元（折合韓幣約六百萬元）。不曉得這樣的結果有沒有稍微刺激到你？當然，目前每年都能正式且自由地進行協商的公司並不多，大多都是在轉職時才會進行最正式的協商。然而，無論什麼時候，只要有一點協商的餘地，提前做好準備並不是壞事。如果能在協商時，不為自己的應對感到後悔，就很足夠了。

協商是資訊戰

好，那麼要從什麼開始準備呢？如果說年薪是對績效的報償，那麼，**首先你要清楚自己的績效到達哪一個水準**。如果連你都不瞭解自己的價值，即使收到很好的提議，也可能感到不公平；反之，如果收到被低估的提議，也可能隨便就接受了。這聽起來像是理所當然的事，但實際上有很多人在沒有具體掌握並量化自己能力的狀況下，就坐上談判桌。雖然非常緊張，但其實什麼都沒有準備。

完成重要專案的經驗、作品集、證照、同事的評價、自己的能力在相關領域中具備什麼特殊性和差異化的優勢，如果事先仔細思考並整理好相關資料，那麼這些都會成為你在談判桌上強而有力的支持。更重要的是，這些資料會讓你的協商對象認為應該要給你更高的年薪，並且在說服上級主管時，發揮有效的作用。因為跟你協商的人，通常都沒有直接的決定權。

因此，能搜集到越多資訊越好。業界的供需現況如何、類似領域和經歷的人普遍年薪水準如何、欲入職的公司工作環境如何、該公司的職員待遇如何……要充分運用自己的資訊搜集能力和人脈來搜集資料。

像這樣掌握到自己的價值，並且搜集了相關資訊之後，接下來要做的就是，**釐清思緒，明白自己真正想要的是什麼**。如果沒有弄清楚自己的想法，就會忘記自己真正想要的東西，只是跟著周遭的人盲目地前進，事後很可能會感到後悔。假設你目前任職的公司很看重權威，工作氣氛緊繃，而且工時很長，為此你已經感到倦怠，決定要離職。年薪之外的要素才是你決定換工作的理由，但如果你沒有仔細思考過這點，就很容易在朋友勸你趁此機會提高年薪，以免之後被人當軟柿子捏的時候，在內心產生衝突。最終你可能會單純因為年薪給得比較高，就選擇一個條件比原本的公司還惡劣的新公司。為了阻止這樣的不幸發生，**你必須先明確地定出自己人生中的優先順位**。

在談論如何做好年薪協商的時候，突然提到不要因為錢而放棄其他的要素，或許會有人感到驚訝。錢固然很重要，但對某些人來說，其他的要素可能也跟錢一樣重要。就職公司的氣氛、人際間的關係、工作的種類、成長的可能性、自由時間的運用……各種要素都充分考慮過後，再重新檢視自己的想法吧！

與對方的協商破裂時，能採取的最佳替代方案就是BATNA（Best Alternative To Negotiated Agreement）。簡單來說，就是一個不錯的計畫B。確認自己是否有BATNA，是在協商中最重要的一個部分。當然，並非每個人都能有一個理想的BATNA。不過，如果你已經有BATNA，卻沒有事先想到，那將會非常可惜。例如：你明明不是非這間公司不可，卻錯以為自己一定要上這間公司。這種心理會導致人變得過度迫切，以至於沒辦法提出自己本來應該提出的合理要求。

這時候，如果有充分完成前述的準備過程，很可能會發現自己擁有的BATNA比預期得更多。「原來除了這個領域，我也可以到另一個領域工作啊！」「原來我只要能滿足這個條件，其他的部分對我來說都不太重要，那麼選擇的範圍就變寬了誒！」想必你會遇到許多像這樣重新體會的瞬間。

這麼做不是為了在協商時直接和協商對象對嗆：「除了這裡我還有很多地方可以去！」你只要確信，即使這次協商破裂，你還有其他的替代方案就可以了。這麼一來，你就能用非常從容的態度提出要求，並且爭取到你想要的。

搶先占領錨定效應的人

以下會介紹丹尼爾・卡尼曼（Daniel Kahneman）和阿摩司・特沃斯基（Amos Tversky）的著名研究。研究人員讓受試者轉動一個刻有數字1到100的輪子，但這個輪子其實經過特殊的設計，轉動後指針只會落在10或是65這兩個數字上。在受試者看見轉輪指針所指的數字後，研究人員接著詢問他們，非洲國家在聯合國會員國中的占比是多少。結果，轉到10的受試者推測，非洲國家的占比大約落在百分之二十五，而轉到65的受試者則推測，非洲國家的占比大約落在百分之四十五。他們都在潛意識中受到與問題完全無關的轉輪數字的影響，因而回答了與該數字相近的答案。這就是「錨定效應」（anchoring effect）。也就是在我們做出某個判斷的時候，會受到最一開始得知的基準點的影響。

錨定效應經常運用在行銷和協商領域。舉例來說：如果我們看到一則廣告，上面寫著定價韓幣六萬元的T恤今天特價只賣三萬元，那麼可惜的是，我們的內心大概已經萌生要購買那件T恤的念頭了。（竟然能用半價買到價值韓幣六萬元的東西！）

如上所述，你瞭解到錨定效應的力量後，現在大概會想：「那我要先喊出一個心裡期望的高年薪來搶占先機嗎？」然而，在年薪協商時，先提出標準的策略也會有缺點。

因為先提出金額的那方等於亮出了所有的底牌，所以也有可能變得比較不利。既不能這樣，也不能那樣，究竟該怎麼做才好？建議從兩個不同的方向來思考。

在必須先提出期望年薪的狀況下，要以事先搜集到的資訊為基礎，提出一個不脫離合理範圍的適當金額。提出高的誇張的金額，反而讓自己陷入不利的狀況，又或是引起對方負面的情緒反應。記住了，要提出在合理範圍內最高的金額！

當你掌握到一定的方向後，提出的數字越具體越好。美國有一項研究指出，在協商物品的價格時，提出的數字越具體，取得的結果越理想。例如：提出五千壹佰壹拾五美元這樣具體的數字時，比提出五千美元更容易取得好的協商結果。因為提出的金額越具體，就越顯得你對該事物價值的瞭解，所以更能發揮錨定效應的作用。即使沒有具體到以壹元為單位，還是盡可能提出具體的金額會比較好。當然，關於那具體的數字，你也必須有相關的資料可以參考。

相反的，在先收到年薪提議的狀況下，務必記得錨定效應具備的力量，並且注意別太被那個力量影響。如果是普通的公司，應該會像這樣開場：

「根據公司內部的標準，年薪的上限是根據經驗和職級來擬定的，而且其他員工的薪資也都遵循相同標準支付。」

大部分的人在這種狀況下，都會受到錨定效應的強烈影響而被限制住了。不過，正在閱讀這篇文章的你，可不能就這樣退讓。用你之前搜集的資訊，擬定一個全新的標準吧！對於公司提議的標準，你沒必要太過興奮；相反地，也沒必要提早放棄。如果你希望現在的年薪可以再提高一定的比例，那麼就在合理的範圍內提出要求，或是根據業界普遍的年薪水準，結合自身的經歷來計算薪資，從而創造出一個新的標準。在這個狀況下，最好也能提出具體的金額。

總之，希望你這次坐上談判桌時，不再是被通知，而是能進行真正的協商。

❖信賴的心理學

同期同事受到其他同事無限信賴的祕訣

你分辨可以信賴的同事和無法信賴的同事的首要條件是什麼嗎？

好，以下再換個問題。

對同事來說，你是值得信賴的人嗎？

◉

「值得信賴的電影推薦」、「值得信賴的美食踩雷」，想必你應該經常聽到這類的說法。有時我們會因為值得信賴的某人推薦了某部電影，於是就在不問也不研究的狀況下，決定將寶貴的時間投資到那部電影上。就像這樣，我們會將自己完全交給信任的對象。從這點來看，信賴的力量真的非常龐大。所謂的信賴，用一句話來說，就是憑靠過去與那人相處的經驗，將自己的未來也賭在他的身上。這是很了不起的一件事。聯想一下狼人殺遊戲，你應該馬上就會承認信賴的確具備賭博的特性。一旦信錯人就輸了！

如此一般，「相信」某個人勢必會伴隨著明確的得失，所以從他人身上取得信賴是非常困難且耗時的過程。尤其在職場上更是如此。不過，正在閱讀本書的讀者，應該有很多人都想獲得他人的信賴。為了成為值得信賴的可靠之人，而不是值得信賴的踩雷達人，我們需要具備什麼樣的條件？

成為值得信賴的人的第一步，就是相信自己是一個可以信任的人。相信自己其實是一切事物的出發點。你不可能在不相信自己的狀況下，讓其他人相信你。取得他人信賴的基本前提就是：「相信自己。」「我值得信任嗎？」「我不會欺騙他人嗎？」面對這些問題，你必須能自信地回答：「是！」你覺得答案太過簡單嗎？要先想辦法成為自己可以信任的人，才能往下一個階段邁進。為此，可以從遵守跟自己的約定來開始練習。

身體靠近，內心也會靠近

如果你覺得第一個條件有點老套，那麼從現在開始，會告訴你更實際的方法。**與人建立信任的第二個條件就是「熟悉感」**。熟悉感的力量比我們所想的還要強大。心理學者羅伯特．扎榮茨（Robert Zajonc）進行了一項實驗，他在不熟悉漢字的美國學生面前，重複給他們看了幾個他們不清楚具體意義的漢字。而且他還調整了每一個漢字出現的次數。驚人的是，出現次數越多的漢字，學生就越容易認為它的意思是好的。也就是說，原本不熟悉的刺激反覆出現而逐漸變得熟悉後，好感度就會增加。這種現象稱作「單純曝光效應」（mere exposure effect）。人們會單純因為熟悉某個事物而對該對象產生正向的看法，自然而然更加信賴那個對象。

熟悉感甚至能將原本討厭的對象轉換成好感的對象。這就是所謂的「又愛又恨」。專業的術語名稱是「艾菲爾鐵塔效應」（Eiffel Tower effect）。現在一提到「巴黎」，許多人自然就會聯想到艾菲爾鐵塔，但令人意外的是，在艾菲爾鐵塔剛蓋好的十九世紀末，對法國人來說，艾菲爾鐵塔是巴黎的羞恥，也是醜陋的象徵。然而，經歷過種種困難，在漫長歲月中依然屹立不搖的艾菲爾鐵塔，最終成為受到許多人喜愛的建築物，同時也成為世界知名的地標。

人也是一樣。幾乎沒有什麼力量比熟悉感更具威力。就算存在感不強也沒關係。只要長時間待在一個群體中，並且長久頻繁地接觸並見面，人們就會對那個人產生信賴感。因此，現在如果你想要取得某人的信賴，比起刻意做些什麼，不妨試著長時間待在那人的身邊。如果你之前過度隱藏自己，那麼現在可以試著拋下一些神祕主義的風格，這將會有助於你取得他人的信任。

成為對方可以預測的人也是一個不錯的方法。不曉得下一步會往哪裡走、過於獨特的人，很難取得他人的信賴。雖然沒那麼有趣，但成為一個可預測且行為一致的人，能提升他人對自己的信賴。從非常小的舉動開始下功夫，就能讓人覺得你是可預測的人。像是接到對方的電話或是電子郵件時，最晚什麼時候一定會回信（比如在一天之內）。這類簡單的行為就能營造出可預測的形象。換句話說，也就是有一套自己的標準。假如沒辦法馬上回信，也可以簡單地先傳一封信件表示會晚點再回覆。如果不這麼做，對方就不知道你是否收到了他的訊息，會感到混亂。最好盡可能別讓對方感受到不必要的不確定性。

偏見並非都是壞的

你是否有聽過「捷思法」（heuristic）？簡單來說，捷思法就是一種迅速猜測並做出判斷的心理技術。我們通常不會有百分之百完整的資訊和足夠充裕的時間，讓我們能夠正確地判斷某個人或是某件事。而且人心理的能量也是有限的。世界運轉得非常快，沒時間讓你只埋首鑽研一件事。但如果因此就不做任何判斷，度過不確定的人生，又會非常的痛苦。因此，人們會使用捷思法。我們普遍都會以之前在生活中累積的經驗為基礎，快速判斷「某件事應該是這樣」並且下結論，藉此有效率地在生活中做出必要的選擇，減輕內心的焦慮。這就是捷思法。

如果沒有捷思法，我們很難好好地繼續在世上生活下去。假設你在購物中走進了一家服飾店。你看見身穿制服的人時，立刻判斷他是店裡的員工，並且走上前去跟他說話。在這個簡單的過程中，其實就有捷思法的介入。因為你看見的那個人也可能喜好獨特，愛把穿制服當作一種時尚的展現。這種機率並非為零。然而，如果連這種機率極低的可能性都要納入判斷的考量，那麼哪怕是很簡單的選擇，我們也無法及時做出判斷。因此，採用捷思法是必須的手段。

不過另一方面，捷思法也加深我們的刻板印象和偏見。被穿著整齊的詐欺犯欺騙；

輕視衣著邋遢的大人物的問候，結果害自己丟臉，這些都是捷思法的猜測造成的後果。

那麼，我們究竟該如何以上述內容為基礎，取得他人的信賴？簡單來說，只要穿著整齊就行了。不論人們再怎麼努力避免受到刻板印象的限制，捷思法都是人類普遍的特性，所以不可能完全不受到影響。因此，我們必須利用這樣的心理作用。刻板印象會從眼裡所見的非常基本的細節開始發揮作用。衣著的整潔程度；遇到關係尷尬的人時，會簡單地打招呼，不會彆扭地假裝沒看見；對話時，會適度地與對方視線交流；說話平穩且清晰等。這些瑣碎的數據累積起來後，就會塑造出他人對你的正向刻板印象。如果希望自己看起來像一個值得信賴的人，就要做出能讓人信賴的行為。你也可以隨心所欲地穿搭、說話並且行動。只不過，他人因此對你做出的評價，你也必須承受。因為我們是用捷思法生活的動物。

罪惡感打造出來的溫暖

最後一個，能獲取他人信賴的關鍵字就是「罪惡感」。越是會產生罪惡感的人，心裡越認為對待他人必須合乎道德規範且負起責任，因此自然而然就會做出值得他人信賴的行為。以下，介紹一個與此相關的有趣實驗。

芝加哥大學的教授艾瑪．萊文（Emma Levine）以四百零一人為對象進行了一項研究。研究人員先對受試者提出許多問題，來測試他們感受到罪惡感的強度。在研究中提出的問題大致如下：「假設你因為生氣而將公司的影印機砸壞了，那時周遭一個人都沒有。你沒跟任何人說就直接離開現場。你覺得之後自己心裡會多麼不舒服？」

接著，研究人員又讓受試者玩「信賴遊戲」。信賴遊戲需要兩個玩家，當其中一個玩家A拿到壹美元時，可以直接把錢收下，也可以把壹美元拿給B。假如A決定不把錢給玩家B，那麼這個遊戲就會結束。然而，當A決定把錢給B時，B就會得到二點五美元，而不只是一美元。這時，決定把錢給B的A會相信：「B應該會把多出來的錢分給我吧！」這回輪到B要做決定了。B可以把二點五美元全都收下，也可以按照自己的意願跟A分享。遊戲隨著B的決定而結束，不管要報仇（？）還是報答，A都沒機會了。

參與該研究的受試者都以B的身分參加信賴遊戲，並且聽到從未見過面的陌生人A相信自己，決定把壹美元交給自己。因此，得到二點五美元的受試者們，現在必須決定是要自己把錢都拿走，還是要跟A分享那些錢。實驗結果顯示，越容易產生罪惡感的人，還給A的錢越多。A得到了信賴的報答。

就像這樣，罪惡感會阻止我們去做傷害別人的事，或是從一開始就不做讓對方失望的行為。而這自然就會提高他人對我們的信賴。本文中提到的罪惡感並非過分畏縮、看人臉色或是自責這種行為，而是能導向健康責任感的情緒。沒必要刻意去產生罪惡感，或是對他人炫耀自己的罪惡感。只要慎重看待自己的行為對他人造成的影響，就能提升我們獲得他人信賴的機率。就像是那些不忘記受人信賴的恩典，選擇分享金錢來報答的受試者一樣。當我們要判斷某個人是否值得信賴時，這個道理也同樣適用。只要觀察那人會產生多強的罪惡感，就能取得有效的判斷根據。

想成為有創意的人才，就注意這點吧！

❖創意心理學

想像你正在指甲剪公司的開發團隊工作。如果今天你的同事在新產品企畫會議上提案，說他要開發一個「能夠偵測指甲的健康狀態，並且告訴使用者當天運勢的指甲剪」，你會有什麼反應？是覺得這個點子很新鮮？還是覺得很荒謬？

◉

對現代人來說，創意是一個討論度很高的話題。在討論該怎麼做才能發揮創意之前，先來檢視一下我們內心對於創意的真正看法是什麼。意外的是，在我們心中，對創意有兩種矛盾的情緒。

心理學家珍妮佛・穆勒（Jennifer Mueller）表示，人們在覺得創意很好的同時，又會很排斥那些對某些事物表現出好奇心，或是提出創意點子的人，又或是那些構想本身。這就是人們內在的「對創意的偏見」（bias against creativity）。這種心態相當隱晦，所以表面上不容易看出來。雖然我們都相信自己喜歡創意，但其實內心深處又默默地覺得不太舒服。

珍妮佛・穆勒在研究中將受試者分成兩組——她要求第一組人以「所有問題都有一個以上的正解」為主題來書寫短文，並且要求第二組人以「所有問題都只有一個正解」為主題來書寫短文。然後在兩組寫完短文後，調查受試者對創意的點子（例如：在運動鞋上加入奈米技術來調節鞋子的厚度，進而達到冷卻腳底熱度，避免起水泡的功能。）有什麼感受。這時，跟第一組人相比，第二組人對創意點子給予更負面的評價，甚至產生厭惡感。

透過這個研究可以知道的是，當人越難以接受不確定性時，就越不喜歡有創意的點子。那麼，在公司內部大家是怎麼想的？不幸的是，我們周遭的環境大部分都無法接受不確定性。因此，雖然我們渴望創意，但在實際企畫或者解決某件事情的情境下，又會不自覺得壓抑內在的創意。

「我能接受我的不確定性嗎？」先這樣問問看自己吧！當然，單靠你一個人很難改變整個職場的氣氛或是工作的特性。不過，在那樣的氛圍之下，你是要過度壓抑自己，還是要保有某種程度的自主性，全都是取決於你自己。那麼，接下來按部就班地介紹如果你真的想變得有創意，需要運用什麼樣的心理工具。

沒有全新的東西

創意的組成是什麼？第一是「獨創性」，第二是「機能性」。當某個點子有些創新，而且實際上又有用時，我們就會說那是有創意的點子。不過，這裡所謂的「新」，指的並不是從白紙上突然「蹦」出來的那種東西。「必須在某一天突然從零開始冒出一個新的點子。」這種想法讓我們在會議上變得更加畏縮。從現有的基礎上去發想就行了。實際上關於創意思考方法的各種理論，也都是改變既有事物的用途，或是拆解、重組既有的東西。以下來看看最具代表性的創意思考方法「ASIT」（Advanced Systematic

Inventive Thinking，進階系統化創新思維）中的一個概念——也就是「用途變更」。

經常會有人把手機忘在公共廁所。以下會介紹一個預防手機遺失的創意點子。走進廁所隔間，轉動門鎖上鎖時，會有一個可以放置手機的小平台跟著轉至平面。這麼一來，上完廁所後，一定要把手機拿起來才有辦法出去。因為你必須轉動門鎖把門打開！這個效果比黏貼「記得攜帶隨身物品」的標語還要有效得太多。這個點子是在門鎖上多加了手機置物架的功能。

如果上述說明對你來說依然有點難以理解，那麼至少要記得「代入」這一個詞彙。當你覺得某個東西看起來很棒時，可以先把它記在腦中，然後在需要時詢問自己：「那個東西可不可以代入現在的情境？」這麼做時，你得到的點子會比預想得更多。也就是把市面上其他已經被活用的方法，代入到現在的工作當中。在這個世界上並沒有全新的點子。當然，你現在正在閱讀的這本書，也參考了之前一些書籍的概念！

吃飯、走路、洗澡吧！

沒有更具體一點的方法嗎？當然有。如果你不喜歡想東想西，就先洗個澡吧！你曾經在洗澡的時候，腦中浮現新的點子，或是有所感悟嗎？如果有，那絕非偶然。因為創意思維是在獨創性受限的線性思維和隨機且自由的思維之間，取得平衡而誕生出來的。如果思考過於線性，就無法產出新的東西；反之，如果思考過於隨機，就很難產出有用的東西，所以一定要在這兩者之間取得平衡。這時需要的正是「讓思緒適度遊蕩的活動」，而最具代表性的方法就是「洗澡」。一個既不完全無聊，又不需要很多專注力的活動。當我們在從事這項活動時，腦中更容易浮現新的想法。

以下，再看一個有趣的研究。該研究要求受試者在短短九十秒內，寫下所有迴紋針能夠做到的事。之後再把受試者分成兩組，其中一組看三分鐘無聊的摺衣服影片，另一組則看三分鐘電影《當哈利碰上莎莉》中的場景，使他們從事「讓思緒適度遊蕩的活動」。接著讓受試者休息四十五秒後，告訴他們如果有多想到迴紋針的新用途，就再記錄下來。研究結果顯示，觀看電影中某片段的受試者，比觀看摺衣服影片的受試者想到更多新點子。看三分鐘無聊的摺衣服影片，並無法讓受試者的思緒遊蕩。

另一個與洗澡的效果相當的「讓思緒適度遊蕩的活動」就是「散步」。史丹佛大學的瑪麗莉·奧帕佐（Marily Oppezzo）和丹尼爾·史瓦茨（Daniel Schwartz）特別針對走路的效果進行研究。在實驗中，受試者被分成四個小組。第一組人在室內的跑步機上走路、第二組人坐在室內、第三組人在戶外走路、第四組人則坐在戶外。然後，他們要求受試者在四分鐘內盡可能思考輪胎的新用途。

研究結果顯示，不論在室內還是戶外，走路那組人都比坐著的那組人更有創意。結果最好的那組人具備什麼條件？當然就是在戶外走路。在戶外散步的行為能激發出最有創意且品質最好的點子。因此，為了激發你的創意，先到戶外盡情地走路，然後再回來涼爽地沖個澡吧！

這裡有一個好消息要告訴甜點愛好者——有研究結果指出，糖分對創意有正向的影響力。當然，要小心別吃太多甜食，但一天吃一顆糖，或是一小塊餅乾還是可以的。甜甜的滋味最能提升創意工作的機能，尤其是需要認知靈活度的工作。

在某項研究中，受試者被分成兩組，其中一組人喝的是含糖（糖水）飲料，另一組人喝的是酸的飲料（檸檬汁）。之後研究人員對他們提出以下的要求：「請試著想像自己在宇宙中前往其他銀河系旅行。試著畫出你在那裡遇見的外星生命體。繪畫實力不是重點。」這時，喝了含糖飲料的那組人比喝了酸的飲料的那組人，畫出了更多有創意的外星人。

有趣的是，在研究中就算沒有真的喝到含糖飲料，或是吃到含糖食物，只要在腦中想像吃到甜食的模樣，一樣也能提升創意。研究人員推測，這是因為從甜食聯想到的畫面本身所具備的含義。甜食大致上都蘊含著溫暖、安全、社交性、浪漫、慶祝、愛和獎勵等正向意義。這有助於在認知的聯結中降低恐懼，對不確定性變得更加寬容，而新的思維便能在這樣的空隙中流入。因此，可以在不損害健康的範圍內，偶爾吃一口甜食。不然至少在腦中想像吃甜食的畫面吧！這也是為了激發你的創意。

不加班也能把工作做好的金代理

❖效率心理學

下班前三十分鐘，心裡突然很著急。至少今天不要加班，一定要準時下班。雖然心裡是這麼想的，但沒做完的事情依然堆積如山。坐在前面的金代理怎麼有辦法每天都準時下班，卻依然做出業績呢？而我今天為什麼又在加班的泥沼中掙扎呢？

◉

有個最近很流行的詞彙你應該聽過，那就是「過度投入」。過度投入通常是指熱衷於某個電影、電視劇或是偶像，深入挖掘一層又一層的訊息、與人討論並且完全沉浸其中的一種現象。遇到自己「著迷」的某個主題時，就不斷挖掘到底的這種傾向，在不知不覺中成為一種潮流。如果能像過度投入於某個事物時那樣，至少投入一半的心思在工作或讀書上，該有多好呢？或許你會覺得不太可能，但實際上這也並非完全做不到。當然，跟一般不需要多大的努力就可以做到的過度投入的狀態不同，想要投入工作或讀書，就得在各方面付出更多努力才行。

「心流」（flow，投入3）是指專注從事某項活動時，保持積極參與的心態。這個概念是由心理學家米哈里．契克森米哈伊（Mihaly Csikszentmihalyi）所提出的。如果要列舉心流的優點，大概列舉不完。在心流狀態下，可以單單專注於眼前的事物，因此提高做事的效率和正確度，而且還能更享受工作本身，進而促成讓動力變強的良性循環。另外，進入心流的那個瞬間，我們對於「自己」這個人的意識也會減弱。在那個當下，你將會變得很專注，不那麼在意別人怎麼看待你，心中的恐懼也會變小。不過，也不用覺得心流是如同進入忘我境界的神祕狀態。只要到達不意識時間的流逝，適度地專注在當下，後來即便脫離那個狀態，依然覺得很充實的那種程度就足夠了。足夠什麼？足夠成為一個不加班也能把事情做好的人。那麼以下將詳細針對心流（投入）步步拆解。

什麼是心流（投入）？

我們要最先知道的，就是自己什麼時候會進入心流狀態。當然，眾所皆知，投入到自己喜歡的事物中是相對容易的。不過，即使是沒那麼喜歡的事物，人依然能夠投入其中。試想一下，你要買一個雖然沒那麼想要，但在生活中必須要用到的物品。那時，我們常會比較各品牌和性能，瞭解到一個新的世界，甚至沒注意到時間的流逝，全部的心思都放在那個物品上面。

工作也是一樣。不得不負責不感興趣的工作內容時，雖然一開始做得很不情願，但越做越瞭解其中細節，會有一種像海綿般吸收新世界知識的感覺。這種投入的狀態並非每次都會出現，但重要的是，**即便不帶刺激性內容，或是一開始就吸引人的主題，只要**

3・這個理論的中文翻譯是「心流」，但在韓文中是用「投入」一詞來翻譯。因此，作者在描述時，多有將通俗的用法和心理學理論結合敘述的狀況，所以下面的內容也會根據前後文語境來譯作「心流」或是「投入」。

「產生情感」，一般來說還是有辦法投入。因此試著挑戰在公司也進入心流的狀態吧！

偶爾有人會把投入和成癮搞混。投入工作和工作成癮是同一個概念？還是不同的概念？我們一般不會用「投入」這個詞彙來形容一個人在賭博、喝酒或抽菸時的狀態。「投入賭博」？聽起來總有點怪怪的。成癮和投入的差別在於，是否有耐受性和戒斷反應。同樣程度的刺激無法再帶來快樂後，人會逐漸追求更強烈的刺激，這種特性就是「耐受性」（tolerance）；而當刺激消失後，會覺得非常痛苦，這種狀態就是「戒斷反應」（withdrawal）。投入並不會帶來耐受性和戒斷反應。當我們投入某件事情時，只會在那瞬間愉快地沉浸其中，不需要接受更強烈的刺激。而當我們從那件事情抽離時，雖然會感到充實和一絲的遺憾，但並不會經歷破壞性的痛苦。

投入和成癮的其他差異為——是否有「責任感」，以及是否達到平衡。投入工作的人和工作成癮的人是有分界線的。除了認真工作之外，那個人是否持續關注自己生活中的其他領域，並且盡力去負起責任——像是休閒和健康，與家人跟朋友的關係等。還是將與重要的人相處的時間或健康擺在後面，讓生活的重心全往同一個方向傾斜而變得枯燥。只要注意這個部分，很容易就能分辨兩者的差別。

為了投入需要具備的五個常識

那麼從現在開始，就來深入瞭解能變得更加投入的方法。**最先要強調的一點就是「停止擔心」**。尤其在從事困難的工作時，擔心會消耗掉專注的力氣。在過度擔心的狀況下，背外側前額葉和前扣帶皮質的活動效率會跟著降低，以至於無法有效控制由這些區域負責的注意力。等於是在大腦力量有限的狀況下，讓擔心和專注力彼此競爭。因**此，如果想專心投入，就要在開始工作之前，先處理內心的擔憂。**

你可能質疑怎麼可能做到。因為沒人是想擔心才擔心的。當然，如果能不擔心就不擔心，這個世界上便不會有煩惱。只不過，這裡想談的並非解決擔心的事，而是「處理」。只要將擔心妥當安置在想像的抽屜，就能把這瞬間妨礙你投入的因素降到最低。

如果你不相信，**現在就試著將腦中浮現的煩惱寫在紙上看看吧！光是這麼做，就能減輕部分的擔憂。**（姑且相信一次吧！）既然已經將折磨你的擔憂寫在名為紙張的次要儲存裝置上，就先把它擱置到一旁，你只要做現在要做的事就行了。另外，你還可以在紙張上標注時間，寫清楚你什麼時候要把這些擔憂拿出來煩惱。可以在擔心的事項旁邊這麼寫：「我會在三天後的晚上十點，再來認真煩惱這件事！」

下一個階段，為了投入打造一個適合的環境。這裡指的並不是那種完全安靜且受到控制的環境。只要盡可能地去除會妨礙自己專注的因素就足夠了。試著減少電子郵件、社群媒體通知、電話或訊息等突然發出通知的狀況吧！

如果工作的性質，無法完全阻斷所有的聯繫，那也沒辦法。不過，這種時候，如果不是要馬上回覆的訊息，統一保留到特定的時間再一起回覆會比較好。因為投入工作之後，如果被突如其來的聯繫打斷，就要花費許多的能量，才能再次把注意力轉回原本在做的事情上。為了找回做那件事的節奏，必須重新預熱才行。所以事情一旦中斷，我們往往無法快速回到工作當中，而是停下來開始網路購物，或是去確認剛剛沒有看的聊天室訊息，分心做別的事情。

如果可以，**最好也避免同時處理許多件事情的多任務處理（multitasking）**。這裡指的是一邊打電話、一邊輸入數據；一邊看YouTube、一邊回訊息；一邊跟別人聊天、一邊寫文章；一邊開會、一邊閱讀新聞等狀況。如果像這樣同時處理許多件事，到最後任何一件事都沒辦法做好。多任務處理會大幅降低專注的效率。同時處理多項任務時，人們經常會有一種錯覺：「我現在同時完成了兩件事！看來我真的是能力很強的人才！」

然而，比較實際產出的結果時，是否同時處理多項任務，在工作份量和質量上都有很明顯的差異。甚至有研究觀察到，經常同時處理多項任務的人，大腦前扣帶皮質的灰質密度相對偏低。這代表多任務處理很可能對認知、情緒、社會調節能力等有負面的影響。那麼從現在開始，不如試著將工作逐一處理，不要再用「同時並行」的方式來做，如何？

利用「霍桑效應」（Hawthorne effect）也是一種很好的辦法。霍桑效應是指，當你得知有人在觀察自己時，行為就會產生變化，工作效率會隨之提升。這個效應起源自一九二〇年在美國的電器製造工廠「西方電器霍桑廠」（Hawthorne Works）裡所進行的一項實驗。在當時的實驗中，工廠員工被分成兩組人。其中一組在明亮的燈光下工作，另一組人則在昏暗的燈光下工作，然後觀察兩組在工作效率上的差異。然而，跟「燈光越亮，生產效率就越高」的假說不同的是，兩組受試者的生產效率都提升了。這樣的結果讓研究人員感到很意外。後來，研究人員從實驗後以員工為對象的採訪中得知促成這種現象的原因。受試員工表示，他們知道研究團隊在觀察自己，所以為了得到公司的認可，他們都比平常更努力工作。

如果妥善運用霍桑效應，將有助於我們提高專注力。或許很多人曾經覺得比起安靜又舒適的住家或公司，在吵鬧又不舒適的咖啡廳工作，反而更能把事情做好。因此，試著刻意打造出一個被人觀察的環境吧！可以嘗試在咖啡廳內工作，又或是將自己工作的模樣錄製下來。

最後，我想談談為了投入所需要的休息。如果一直長時間專注做事，有時候會沒有注意到時間的流逝，甚至會產生不想要休息的心情。不過，這時你反而應該要休息。因為雖然你覺得自己依然很專注在工作，但實際上你的工作效率很可能已經降低了。有的人可能工作四十分鐘或一個小時左右需要停下來休息，而有的人可能可以專注更久之後再休息。但不管怎樣，連續工作兩個小時，至少休息二十到三十分鐘比較好。

而且休息的時候必須得好好休息。呆呆地看著演算法不斷推薦給你的短影音，絕對不是一種有效休息的方式。**能夠有效休息的最佳方式就是「活動身體」**。可以從座位上起身，稍微走動或是伸展身體。隨著身體血流量的增加，可以促進生理上的放鬆，心情也會跟著好轉，因此獲得重新投入工作的力量。

令人意外的是，我們經常忘記自己這副身體。在工作不順利的時候，總是埋怨並責怪無辜的意志力：「為什麼我就是無法提高效率呢？」然而我們不能忘記的是，**大腦和身體是緊密相連的。務必要用身體來減輕大腦的負擔。這才是有效休息的方法。**而且這也是金代理之所以不加班也能把工作做好的最後一個祕密。

即使專案失敗也像不倒翁一樣復活的團隊

❖稱讚的心理學

有一個組員沒把事情做好，導致專案有一部分出錯了。在團隊被凝重的氣氛籠罩的第二天，如果你是這個團隊的組長，你會用什麼話當作開場白？

◉

正確答案就是「稱讚」。**沒有比稱讚更有益於他人和自己的行為了。**有些人可能會覺得，越犀利地批評對方，越能凸顯自己，然而事實卻與這相反。當然，有些時候的確需要批評。不過，過度頻繁地批評，也只會讓你成為「很會批評別人的人」，並無法帶來什麼正向的效果。

稱讚不僅能提升對方的自尊，還能讓稱讚的人和被稱讚的人之間產生更深的聯繫。不過，即使是稱讚，也有分好的稱讚，跟不如不說的稱讚。究竟該怎麼稱讚比較合適呢？

令人驚訝的是，許多人內心的角落都對稱讚保有一絲遲疑。並非因為人們吝嗇，而是因為我們腦中不自覺地充斥著各式各樣的想法——「我的稱讚能有什麼用？」「我的稱讚會不會反倒讓他不高興？」「稱讚之後，如果對方覺得我在阿諛奉承怎麼辦？」「我這麼說聽起來會不會很像在評論他？」但你知道嗎？**人們比想像中更喜歡稱讚。就像你自己也很喜歡一樣！**

康乃爾大學的心理學家凡妮莎．博恩斯（Vanessa Bohns）針對稱讚前後，稱讚的人和受到稱讚的人會有什麼樣的感受進行相關的研究。在研究中負責稱讚他人的受試者，往往低估了自己的稱讚能帶給對方的喜悅，反而擔心會害對方變得尷尬或是不舒服。因此在稱讚之前，他們的焦慮指數甚至會變高。

不過與他們的擔心不同的是，受稱讚的受試者比稱讚的人預想的還要更高興、更滿足，還表示他們被人稱讚時，感受到相當龐大的幸福。還有一個有趣的事實：稱讚的人實際稱讚了之後，焦慮程度也急劇下降，心情反而變好了。因此，即使稱讚的內容有些尷尬，不是那麼成熟也別害怕，開口稱讚吧！聽者會將焦點放在你溫暖的心意上。

不過，當然也有需要注意的地方。雖然在鼓勵人盡情稱讚後，又馬上提出要注意的事項，多少有點掃興。但換個角度想，意思就是只要注意幾個細節即可，所以請有耐心地繼續讀下去吧！

稱讚的兩面刃

在領導人講座或是以管理高層為對象的工作坊結束後，我也會隨意地想說應該要稱讚大家一下；突然間胡亂稱讚一番，反而造成反效果。這種稱讚並非真心的，所以效果也很難持久。因此，為了做出有效的稱讚，首先要觀察。逐一發掘對方身上的優點，然後慢慢地從小的部分開始稱讚吧！這樣就會越來越自然，也能做出真誠的稱讚。

尤其是在職場上稱讚時，更有不能錯過的細節需要注意。特別要小心別讓自己的稱讚在不知不覺中變成一種「微歧視」（microaggression）。所謂微歧視，是指在日常生活中針對性別、年紀、出身地區等各式各樣的背景，隱晦地說出或做出具歧視性的言語或行為。雖然你的言行並沒有惡意，所以心裡可能會覺得有些冤枉，不過這個世界的道德水準正逐漸提升。我們得接受，過去的稱讚在現在社會有可能不是一種稱讚。

在人種多元的美國，關於微歧視的相關討論已經相當的熱烈。以下舉幾個他們熱衷討論的微歧視案例——對非白人的人種說：「你英文說得真好。」對亞洲人說：「亞洲人的數學實力果然很好誒！」對非裔美國人說：「你的頭髮真的很有異國氣息、很漂亮！」乍聽之下似乎是在稱讚，但深入挖掘就會發現，其中蘊含了非白人的人並非美國人，所以英文肯定不好的前提；以及亞洲人比較擅長數學的人種偏見；還有覺得非裔人士生理上的特徵很特別的態度。那麼我們很容易在職場遇到的微歧視又有哪些呢？

① （對非首都圈出身的同事說）**「你講話完全沒有腔調誒？」或是「你講方言好可愛喔！」**

② （對二十幾歲的組員說）**「你和最近的年輕人不一樣，很認真又負責任，真的很了不起！」**

③ （對養育小孩的女性同事說）**「妳不像其他有小孩的媽媽那樣不能做辛苦的事情，真的很令人尊敬。」**

如果你聽到這些話，心情會如何？這種稱讚在聽者耳中會有種自己所屬的群體被視作非主流的前提，所以很可能沒辦法真正感到高興。**既然要稱讚，就說出能「讓雙方都高興」的稱讚吧！最簡單的方法就是，別刻意去提跟聽者所屬的群體相關的特性。**只要單純地稱讚對方——「你話講得真好！」「你好認真又負責任。」「謝謝你願意做辛苦的事。」你的心意就能夠充分傳達出去了。

還有其他負面的案例是，跟稱讚「外貌」有關的。對於外貌的稱讚一不小心就容易得不償失。因為在職場靠的是能力而非外貌。以下介紹一個（觀察），對外貌的稱讚會引起對方何種情緒的義大利研究。

在該研究中，設定了一個以大學生為對象來招聘圖書館職員的劇本，然後讓受試者參與面試。面試官稱讚其中一組人的外貌和打扮，而對另一組人，則是稱讚他們的能力。男學生受到外貌的稱讚時，並沒有特別感受到心理上的痛苦，但女學生聽到外貌的稱讚時，在焦慮及憂鬱指數方面卻出現了增加的現象，且增加的幅度相當值得參考。因為這刺激了女性的擔憂，她們害怕別人會以外貌來評斷她們，而不是根據她們與工作相關的能力來評斷。

雖然在該研究中，對男性外貌的稱讚並沒有造成反效果，但不論是對女性還是男性，跟在公司所需的美德毫不相關的外貌言論，最好還是謹慎為妙，哪怕你的用意只是想稱讚對方。對於順利完成簡報的員工，比起稱讚他：「因為金代理長得很好看，所以大家都很專心在聽。」稱讚他：「你表達能力真好！很容易吸收！」是更好的，這點大家應該都知道吧？

如果是真心的，就不要猶豫

既然已經瞭解了稱讚時該注意的事項，那麼接下來就再次回來討論「好好稱讚的方法」。以下的內容要談的是，前述篇章中也經常提到的「具體性」。稱讚他人跟平常任何時候都一樣，「越具體越好」。比起太過模糊或是任誰都適用的那種稱讚，**越是具體、且只適用於當事人的稱讚，所帶來的成效就會越好。如果能一併提及對方為了達到成果而付出的努力，就可以錦上添花。**這麼做時，聽者就會深刻感受到那份稱讚是專門針對他而說的，然後心裡就會莫名地產生一股動力。

舉例來說：「你這次專案也做得很好。辛苦了！」比起這種普遍的稱讚，「這次專案的關鍵在於數據的分析，這個部分金課長你真的做得很好，所以專案才能順利完成。你的能力果然很好！」這樣說效果會更好。

如果覺得親自稱讚很尷尬又害羞，有時「轉述他人的稱讚」也是一種很自然的稱讚方法。被稱讚的人不僅會對實際說出稱讚的人產生正向印象，也會對傳達那訊息的人（也就是你！）產生正向印象，因此這麼做最終有助於強化所有人的歸屬感。今天午餐時間立刻來嘗試看看吧！

「隔壁部門的金代理說，這次朴主任的企畫案是他看過的企畫案當中最棒的！聽到他那麼說，我覺得跟朴主任待在同一個團隊真的很讓人驕傲！」

或許有些人會擔心自己的稱讚聽起來像是冒犯到對方的評價，所以稱讚時總是很猶豫。尤其當你想對職級高於自己的人表達正向回饋時，又會更加猶豫不決。這種時候，如果能將自己感受到的正向印象「結合相關的疑問」一起提出，就會自然許多。而且這個方法，還能幫助你從對方身上聽到實際有用的訣竅，可謂一石二鳥。例如：「剛剛您和顧客協商時最終提出來的方案，真的太令人驚艷了。之前我都沒想過可以用那種方法來應對……我很好奇您是怎麼想到可以那麼做的？」**稱讚就像是禮物。沒有哪一種方法是最適合或是最正確的。即使包裝有些簡陋也無妨，只要你是真心的，就表達出來吧！**這麼一來，對方和你都會變得更幸福。

養成一個好習慣 勝過十項能力

❖習慣心理學

一週前收到一封電子郵件。雖然不回信不行，但也不是非常緊急的事。這件事已經在「今日待辦事項」擱置了好幾天，如果是你，會怎麼處理這件事？

◉

每個人一定都嘗試過養成一個好習慣，也嘗試過改變一個壞習慣。而且你也非常清楚，這件事並沒有那麼容易。從早晨睜開眼睛到夜晚上床就寢，我們所有要做的事情，大致能分成以下四類：

①重要且緊急的事
②重要但不緊急的事
③不重要但緊急的事
④不重要也不緊急的事

不重要也不緊急的事，我們往往會隨便敷衍或是擱置不做。而重要且緊急的事或是不重要但緊急的事，我們終究得想辦法去做。最後剩下的就是重要但不緊急的事。這類事情往往會被踢出優先順位。而「習慣」正是跟這類事情有關。

在這裡坦白一件事——我從小就不太會用筷子，但是吃飯時還不至於造成太大的困擾，因此也就不急著學好，最終這件事就一直被擱置著拖了數十年，直到今天我還是不太會用筷子。假如，不會用筷子會影響到我吃飯的狀況，我內心一定會很著急，那麼一來，肯定早就學會了筷子的正確用法。雖然很重要卻不緊急的事總是會受到這種待遇。要改變習慣本來就是這麼困難。

然而，習慣占據了我們生活中非常大的一部分。我們所有日常的行為中，有百分之四十三都是自然發生的，這就是所謂的習慣占據的比例。因此，為了改變習慣，我們不得不持續付出努力。因為這是能改變生活的核心。

一次只做一件事

先試著對自己拋出「為什麼」這個疑問吧！為什麼我想養成這樣的習慣？另外，我又是為什麼想要改掉這個習慣？為什麼想改變習慣，你迫切想藉此達成的目標是什麼，而當那個目標達成時，你覺得自己會成為一個什麼樣的人？具體思考看看吧！不管你想養成什麼習慣，一定都要先經過這個過程。

找出動機之後，**接下來要做的就是「一次只攻略一個」**。一次養成一個習慣或改掉一個習慣，就已經很辛苦了，如果還為了度過「神級人生」，而帶著偉大的志向，下定決心要「每天運動、學英文、閱讀三十分鐘」！那麼沒過幾天，勢必就會開始出現漏洞，最後什麼習慣都養成不了。請務必先調整好心態，**一次就養成一個習慣，然後再從非常瑣碎的事情開始做起。**

以下舉一個簡單的例子。雖然我沒有成功養成正確使用筷子的習慣，但我成功養成了每天伸展的習慣。因為我希望在無法運動的日子，至少稍微活動一下身體。然而，既然已經有了這樣的決心，又覺得僅僅三分鐘的伸展似乎太微弱了，所以又深入地思考能讓身體活動更多的方法。感覺可以提前一站下車多走點路回家，或是走樓梯來取代搭電梯。結果我太勉強想一次改變很多部分，以至於這個計畫只能維持三分鐘熱度，最後我忍不住想：「做這些有什麼用！」然後重新回到原本的生活型態。於是我心想，先不管其他的，我至少要做到伸展三分鐘。最終，我現在不用特別費力，也能自然而然地做到每天伸展三分鐘。我的下一個目標是把伸展時間拉長至五分鐘，然後再下一個目標是回到家後改走樓梯不搭電梯。

六十六天的奇蹟

接下來在壞習慣消失的空位上，補上新的習慣吧！人很難成功養成「不做某件事」的習慣。**如果想改掉不想要的習慣，就一定要在那個位置填入新的習慣才行。**這是因為當你試圖不做某件事而瞬間產生認知上、行動上的空白時，如果沒有去填滿，就會重新被原本的習慣給支配。

與其下定決心「不在工作時間看手機」，還不如擬定一個計畫，例如：「整理桌上零散的文件，來取代在工作時間看手機的行為」。好，現在就來應用看看吧！比起「在簡報時句尾不要模糊不清」的決心，「不要省略句子的最後一個字」會是比較符合現實的決定。

有研究結果顯示，想完全養成一個穩定的習慣，平均需要花費六十六天。我們可以以十週為一個單位，不用多也不要少。如果付出十週的努力，就能將自己想要養成的習慣塑造成「第二天性」，那將值得一試。

其實習慣就是「程序性記憶」（procedural memory）。程序性記憶，是指像騎腳踏車、綁鞋帶或開車這些行為，無需刻意去回想步驟就能自然執行的相關記憶。當我們去做非由程序性記憶負責的行為，也就是需要刻意付出努力去做的行為時，前額葉皮質會活躍地參與其中。前額葉皮質是負責抑制衝動並發揮意志力的腦區。關鍵在於逐漸減少從事該行為時，前額葉皮質所承受的負擔。這樣，即使在身體很疲憊，或是情緒上受到壓抑，以至於前額葉皮質必須處理很多事情時，也能輕鬆地維持習慣。如果可以花十週的努力，來減少維持習慣時前額葉皮質需要承受的負擔，那麼那個習慣就會完全化成你的一部分。

接下來會提出更具體一點的方法。**想養成一個習慣時，試著先按照順序拆解那個習慣，然後再從第一個行為開始做。**我們往往會認為某個習慣是單一行為，但其實那個行為還可以依序分成好幾個階段。像是「每天處理工作」這單一行為，是由多個次級行為按照順序組合而成的。

打開電腦點開電子郵件信箱↓每天確認未讀的信件↓閱讀信件↓掌握信件的主旨，回想處理的流程↓回覆信件並用恰當的方式處理工作

開會也是一樣。

搜尋會議參考資料↓撰寫會議資料↓列印資料↓擬定簡報腳本↓帶資料到會議室↓發會議資料給與會人↓進行會議

如果把開會的流程全都想成同一件事，就會覺得太過籠統且有負擔。先找好會議要用的資料吧！這麼做之後，你就能稍微鼓起勇氣撰寫會議資料，也能激發撰寫簡報腳本和進行會議的動力。

養成習慣的最佳方式

在各種習慣當中，研究最為活躍的領域就是與「健康相關」的習慣。該怎麼做才能少吃加工食品；該怎麼做才能增加蔬果的攝取量；該怎麼做才能有效養成持續運動的習慣。有許多與這些主題相關的研究，而從這些研究當中，我們能夠得知與習慣有關的有用提示。以下來看一個跟養成牙線使用習慣相關的有趣研究。

研究人員給其中一組受試者的指示是「每天晚上刷牙後，放下牙刷再使用牙線」，而給另一組受試者的指示則是「每天晚上拿起牙刷刷牙之前，先使用牙線」。後續四週，受試者都在隔天早晨回覆研究人員訊息，告知自己前晚是否有使用牙線。結果，兩個不同的指示在養成習慣的成效方面出現了驚人的差異。刷牙後才使用牙線的那一組受試者，比在刷牙前使用牙線的受試者，還要更頻繁且持續地使用牙線。而且這個成效的差異，在八個月後追蹤觀察時變得更為顯著。

就像這樣，**在已經熟悉的既有習慣之後追加新的習慣時，實踐新習慣所需要的大腦負擔減少了非常多，所以更容易養成習慣。而且熟悉的習慣和新習慣彼此具有關聯性時，效果會更加明顯。**因此，比起在早上起床後或是在洗澡後使用牙線，在刷牙後使用牙線的成效會更好。因為「刷牙」這個既有的習慣和「使用牙線」這個新的習慣，都跟「維持口腔健康」這個主題有關，所以更容易在大腦中被喚起。

所以如果要每天早上閱讀跟工作相關的新聞，最好不要想著在工作開始之前閱讀，而是要結合和工作相關的既有習慣。像是整理完當天的工作清單之後再閱讀跟工作相關的新聞，如此來規畫習慣的養成，效果會更加明顯。

另外，談到習慣時，自然也不能漏掉與開心的獎勵相關的話題。當我們想養成某個習慣時，關於該習慣的真正獎勵，通常都是眼前看不見的，或是需要一段時間才會發酵。也就是說，光是運動一天，光是讀了一篇工作相關的新聞，並不會馬上得到什麼獎勵。我們是人，所以光是看著在遙遠的未來充滿不確定性的獎勵，很難將一個習慣完全變成自己的。因此，**除了在遙遠的未來能夠得到的獎勵之外，最好能製造一些在比較近的未來或是當下，馬上能夠得到的獎勵**。

例如：想著在早上處理累積的電子郵件時，可以一邊聆聽輕快的音樂或是一邊聆聽有趣的Podcast節目，這樣就能用比較雀躍的心情來工作。如果在處理前一天的電子郵件時，能帶著對音樂或是對Podcast節目的後續內容感到好奇的心情，來開啟新的一天，應該都能及時完成每天的工作吧！為了不拖延最想逃避的工作，也可以在處理完那個工作之後，允許自己享受一段愉悅的休息時光。這也是很不錯的方法。你想問上班族也能這麼做嗎？像這樣稍微當一下薪水小偷也無妨吧？

犯錯時首先需要做的事

❖道歉心理學

數數看，今天你在公司道歉了幾次？然後思考看看，那些狀況你是否都需要道歉？你的道歉又是否恰當？

◉

不知從何時開始，出現很多不要太過頻繁道歉的建議。許多人認為，要盡量少說

「對不起」，這樣遇到真正需要道歉的狀況時，你的「對不起」才會有價值。這些建議中還經常會舉一個例子——赴約遲到時，別說：「對不起，我遲到了。」而是改成說：「謝謝你等我。」不過，考慮到表達感謝與道歉是兩種難以互換的行為，這個例子的合適度尚且讓人懷疑。

當然，之所以會出現這樣的建議，也是有原因的。太過頻繁道歉的人，很容易遭到他人的輕視。而且如果總是表現出一副犯了錯的模樣，就算沒有犯錯，也很容易被人當成做錯事的人。在一起共事的關係中，有時過度道歉可能會變成自己的弱點，所以必須特別小心使用。

考慮到與職場同事或客戶的關係，即使沒有犯錯，依然道歉以示遺憾的行為，的確有可能讓自己背負不合理的責任。實際上，確實有人疏忽了自己代表的是整個團隊或是公司，太過天真地開口道歉，結果反倒害自己的處境變得很尷尬。所以自然要小心別在超出自己責任範圍外的領域，正式跟人道歉或是約定賠償事宜。

不過，這裡想強調一點——如果不是在法律上會成為關鍵的那種事件，或是道歉後就必須背負起所有責任的那種狀況，道歉時還是別太猶豫或太害怕比較好。道歉並非卑微的行為，反而是自尊感高的人才能勇敢做好的行為。如果道歉了一次，價值就會被貶低，那麼這個價值很可能從一開始就並非真正具備。

真正恰當且鄭重的道歉能發揮很大的力量，有時光憑道歉就能阻止事態惡化。試著回想看看自己的經驗吧！是否遇過在抗議不公平待遇時，收到對方真誠的道歉，因此心情好轉而不再繼續提出要求？又是否遇過為小事提出抗議，結果對方卻裝傻到底或是過度防衛，最後反而導致不悅的情緒逐漸加劇？

曾經有研究指出，違約後即便沒有賠償損失，只要有鄭重的道歉，就能獲得對方的原諒（不過，這不代表不需要賠償）。以下就來仔細瞭解該研究的內容。研究人員對受試者提出了以下的狀況：

有一名學生因為成績優異而領了獎學金三千元美金。校方跟他約定，如果明年他繼續維持優異的成績，就會額外再多給他獎學金七千美金。這名學生認真完成所有課程和作業，並且努力讀書取得了優異的成績，但卻得知一個晴天霹靂的消息，那就是今年的獎學金依舊維持三千美金。他感到十分詫異，因此寫了一封抗議信給學校。

這時，校方對該名學生採取了以下四種措施中的其中一種。第一、既不道歉也不補償。第二、只有道歉，但不補償原本約定好的獎學金。第三、沒有道歉，只補償原本約定好的獎學金。第四、補償原本約定好的獎學金並且道歉。面對這四個選項，受試者分別有什麼反應？

當然，道歉和補償都有的狀況下，受試者最能原諒校方的失誤。雖然沒有道歉、只有補償的狀況下，也有很多受試者原諒了校方，但還有一個意外的結果。那就是只有道歉、拿不到約定的獎學金的狀況下，大部分的受試者依然原諒了校方。這個結果證實，道歉這個最基本的言語行為，即使在沒有實質補償的狀況之下，依然能發揮效力。

道歉也有要領

不過，我猜想現在應該有人很想要道歉，卻不知道該怎麼做而猶豫不決。這很正常。因為道歉也有要領。首先，道歉不能太誇張。簡單地說「對不起」、「我錯了」、「我跟你道歉」、「想必我的過失給你帶來了很大的不便」，其實就足夠了。另外，要避免習慣性道歉。透過電子郵件或通訊軟體提出一些合理的請求或問題時，比起每次都用道歉開頭，用「如果方便的話」或「如果可以的話」等表達方式來取代會更為理想。上述也有提到，懂得區分什麼時候該道歉，什麼時候該表達感謝，是很重要的事。請看看以下的情境，試著判斷哪一種狀況應該感謝，而哪一種狀況又應該道歉。

在幾個小時後，你要用英文簡報。這是你第一次在公司用英文簡報，而且你的英文能力不算太好。這種時候，你需要事先跟聽眾道歉嗎？這完全不需要道歉。除了沒必要之外，道歉反而造成反效果。如果在簡報前先道歉，就算你簡報得很好，也可能給人一種內容不值得信任的感覺。沒必要多此一舉來貶低自己的實力，對吧？更重要的是，你英文說不好並沒有錯。只要用認真、誠懇的態度簡報就可以了。

那麼，以下這種情況呢？雖然你沒有做錯，但因為各式各樣的緣故，導致你負責的專案時程變得有些緊湊。這時，組長擺出一副你應該為此道歉的臉色，你應該怎麼做？如果你不會因此在考核中受到損失，或是要做出什麼不合理的賠償，那麼就直接道歉也無妨。「算了！道歉就道歉吧！」也就是用這樣的心態來道歉。尤其是當同事也很清楚那並不是你的錯的時候，這麼做並沒有什麼不好的。反正大家憑直覺已經知道是誰做錯了。

最後，有附加條件的道歉還不如不做。「如果讓你不高興，我很抱歉。」這種話光是拿出來當作範例，就讓人心情很不好。

一個好的道歉該具備的六項要素

二〇一六年羅伊・萊維基（Roy Lewicki）教授透過研究歸納出，在公司內最有效的道歉是由六個要素所構成的。在以七百名受試者為對象的研究中，研究人員讓報錯客戶稅金的職員向受試者道歉。然後觀察哪一種道歉最能滿足受試者，讓他們原諒職員的失誤，並且從中找到六個讓受試者一致感到滿意的要素。

①表達遺憾

「我發現自己犯錯時，非常後悔。」

②說明狀況

「我不清楚正確的稅別代號，而且也沒有進一步確認，所以才犯下這樣的失誤。」

③承認責任

「全部都是我的錯。」

④自我反省

「我會再三確認稅別代號，不會再發生這樣的失誤。」

⑤提出方案

「我會處理所有申報錯誤造成的問題，並且用盡所有辦法來彌補。」

⑥祈求原諒

「如果您能夠寬宏大量地諒解，我將會非常感謝。」

研究結果顯示，這六個要素具備得越多，促成原諒的成效就越大。其中特別重要的要素是哪一個？最重要的就是承認責任，接下來是提出方案，最後是說明狀況。意外的是，「祈求原諒」是六個要素中最不重要的一個，甚至漏掉了也沒有太大的影響。

那麼，以下就來整理看看，在公司犯錯時最該先做什麼。**首先要承認責任，再來要說明事情發生的原委，接著提出往後會做出什麼樣的努力**。這樣就會是一個完美的道歉。如果能用冷靜且真誠的語氣來說就更好了。道歉的六個要素在公司裡尤為重要，但在公司以外的其他人際關係中，也一樣有顯著的效果。如果你違反了跟朋友的約定，就試著這樣說吧！「真的對不起。我以為工作可以在下班前完成，沒想到突然有一個緊急的事要處理。我應該也要考慮到可能會遇到這種狀況，是我錯了。往後我會調整好工作行程，一旦行程可能產生變動，就盡快告訴你。如果可以，能再約你有空的時間嗎？到時我一定會請你吃好吃的。」不管是什麼樣的朋友，聽到這樣的道歉，應該都會原諒吧？

本篇內容的結尾，還有一點想要囑咐大家。雖然道歉很重要，但你得小心，千萬別覺得只要有好好道歉，對方就一定原諒你。因為犯錯才道歉，不能忘記這個事實。

工作和愛情一樣，時機很重要

❖拖延心理學

最近在社群媒體上看到一個很有趣的貼文。貼文的標題是「十個方法讓你克服拖延的習慣」，我被標題吸引後點進去看，結果內文寫的卻是⋯

「明天一定會上傳。」

◉

拖延的習慣是很多人的煩惱。在寫下這篇文章的第一行字之前，我也是花了許多時間。突然產生飢餓感，把冰箱門開了又關；覺得一下子就變長的指甲很礙眼，動手去修剪；點進平時不常看的群組，仔細閱讀之前還沒看的訊息；突然覺得寫作時的背景音樂似乎太慢了，四處搜尋最近有沒有好聽的歌，結果發現：「哇，這個歌手出新歌了誒！」然後陷入演算法的泥沼，好一陣子才重新爬回來。明明打算早上就開始寫作，結果不知不覺到了吃午餐的時間，於是又想：「沒辦法，只能先吃飯再做了……」

坦率地交代了自己的狀況後，有點擔心本篇文章的解決方案可能難以取得信任，不過我還是想辯解一下——在這個世界上，幾乎沒有人做事不拖延的。拖延，專業術語為「延宕行為」（procrastination）。研究這個領域的知名學者約瑟．費拉里（Joseph Ferrari）曾經說過：「每個人都會拖延，但不是每個人都是慢性拖延者。」也就是說，拖延非常符合人性的行為。那麼，該怎麼分辨哪些人拖延的程度超過普遍的水準，變成慢性且習慣性拖延？可以透過三個指標，來確認是否為拖延者。第一、拖延是否讓你覺得很痛苦（主觀不適）。第二、並非為了有效率地完成工作，而是出於非自願的拖延（非意圖性）。第三、是否因為拖延而造成實質上的損害（副作用）。

目前推定全世界有百分之二十的人口有慢性拖延的問題。當然，一般拖延者和慢性拖延者還是存在一定的關聯性，所以有時也很難直接一分為二，切得一乾二淨。因此，我們得接受一個事實，那就是任誰都無法完全擺脫拖延，而適度的拖延是人類的天性。接下來，可以思考看看如何稍微減少因拖延所帶來的痛苦。

拖延的最大受害者

那麼，我們到底為什麼會拖延呢？拖延的關鍵在於情緒。以下，會介紹一個有趣的實驗。上述提到的心理學者費拉里發現了一個事實，那就是面對同樣一個課題時，人們會隨著所感受到的壓迫感，而決定是否推遲那個課題。他在研究中要求受試者解同一道數學問題，並且對一半的受試者表示，會根據他們解數學問題的水準來判斷他們的認知能力，然後又對另一半的受試者表示，這是一個為了趣味而設計的遊戲。

最後結果如何？兩組受試者面對的是同一道問題，把該問題當作能力評價的那一組，在解題的過程中，又是梳頭髮，又是翻書桌的抽屜，又是咬手指甲，甚至還玩遊戲等，出現各種沒辦法專注解題、拖延時間的傾向。而把該問題當作遊戲的另一組，則沒有明顯的拖延傾向。由此可知，**我們對眼前的課題產生什麼感受，會影響我們是否推遲那個課題**。講到這裡就可以明白，考試期間連新聞都覺得有趣的言論並非無稽之談。

有時，我們也會因為害怕失敗而拖延。當我們從某人或自己這裡得到負面評價時，內心會覺得很痛苦。所以為了保護自己才會拖延，不做必須被人評價的事情。與其被人判定沒能力，還不如被人看作不夠努力，或許這樣不會那麼痛苦。

在談到冒牌者現象的篇章時也有提到，人不僅害怕失敗，人也害怕成功。雖然直覺上不太能理解，但對成功的畏懼存在於潛意識層面，而不在於意識層面。因此，當你實際具備能力，自己卻無法相信時；當自己成功做到某件事的模樣與自我意象不相符時；當你認為自己沒資格成功時，就會不自覺地做出拖延的行為。

為了控制這些情緒，我們要做的就是「原諒自己」。很多人會將原諒和容許搞混，但原諒跟容許並不相同。容許指的是往後那麼做也可以；原諒反而蘊含著未來要產生變化的決心和責任感。自我批評會導致你不得不逃得更遠、躲得更遠，把自己完全地藏起來。唯有原諒自己，才能減少拖延行為帶來的罪惡感、羞恥心和後悔所造成的痛苦。

在一個以大學生為對象的研究中，認為自己拖延的習慣影響期中考成績的學生中，能原諒自己的學生，在之後第二次的考試中，拖延的傾向有明顯減少的趨勢。相反地，很難原諒自己拖延習慣的學生，則持續感受到負面情緒，並且持續做出拖延的行為。

因此，你就當作是被騙了，試著原諒自己看看吧！「看你下次敢不敢再拖延，這個無可救藥的廢物！」與其這樣自我鞭策，還不如對自己說：「拖延時最煎熬的人就是我啊！難受了那麼久，真的辛苦了。來思考看看，下次怎麼做才不會拖延吧！」

一旦跨出步伐勢必會完成

活用「奧夫西安金娜效應」（Obsiankina effect）也是一個很好的選擇。這效應指的是，人們會傾向完成之前中斷的工作。這個效應是以心理學家瑪麗亞·奧夫西安金娜（Maria Ovsiankina）來命名的，她是首位發現「某個工作未完成的事實本身，會激發人們繼續完成這項工作的欲望」的心理學家。

假設某項工作的流程是A→B→C。這時，比起完成A或B後馬上休息，稍微做一點B或C的工作，往下一個階段跨越後再結束一天的工作，隔天就更容易產生欲望，想要完成尚未做完的B或C。這麼一來，就能減少隔天必須從一片白紙的狀態全新開始的負擔感。**試著稍微做一點下一個階段的工作，再停下來休息**。想必你在休息之後，一定能更輕鬆地開始新的工作。我們拖延得最嚴重的情況，就是乾脆不開始做某件事。所以先跨越一小步，心裡自然萌生想把事情做完的念頭。多利用這樣的心理機制吧！

不論是什麼事情，在開始做之前，一切看起來都很礙眼。雜亂的房間、窗外的噪音……還有一點都不自在的狀態。不過，你再仔細想想看就會知道，不可能所有的狀況和心情都處在完美的狀態。因此，即使狀況不完美，最好還是先開始做。有句話說：「靈感沒找上門時，我可以先出發去尋找靈感。」就像這樣，別只是被動地等待一切的狀況都為你具備，而是要試著由自己先朝那個方向出發。比起「完美的未完成」，「不完美的完成」更有意義。

啊，如果你準備要休假，還是要盡可能在那之前完成所有工作再出發，這樣對你的精神健康會比較好。否則，那些尚未完成的事一樣會引起奧夫西安金娜效應，整個假期都在你的腦海中揮之不去。

如果你希望總是能做出最好的選擇

❖決策心理學

以下，有你在學生時期猜答案用的方法嗎？

①把鉛筆立在選項上，鬆開手後選擇跟鉛筆落下的方向最接近的選項。

②「今天要選哪一個呢？」邊哼歌邊選答案。

③今天就選「3號」！重頭到尾選同一個選項。

◉

「請選擇！今天的午餐是炒碼麵對決雪濃湯！」
「我正在煩惱換工作的事。A公司對決B公司！前輩們幫我想想怎麼做決定吧！」
選擇總是很困難。所以世上常用各式各樣的詞彙，來形容人無法輕易做出選擇而猶豫不決的模樣。在本篇章中，會介紹幾個心理學概念，適合你在面對重大決策時使用。

清晰的頭腦能幫助你做出正確的選擇

首先，最重要的是良好的狀態。從以色列監獄假釋程序的相關研究中可以發現，囚犯是否能假釋，深受法官當下狀態的影響。在該研究中，分析了將近一年期間搜集的一千一百多件司法判決。結果發現，越是在一天的開始、法官的用餐時間或休息之後進行的審理，法官對囚犯作出寬容判決的可能性越大。相反的，在用餐時間之前的判決中，大部分的囚犯都沒有獲得假釋。就像這樣，**雖然我們相信自己在每個瞬間都做出了合理的判斷，但實際上我們非常容易受到飢餓、疲憊和體力的影響**。這點務必要記得。

決定這個行為本身就會讓我們感到疲憊，而這種現象稱作「決策疲勞」（decision fatigue）。心理學家凱瑟琳・沃斯（Kathleen Vohs）和她的研究團隊，以「必須反覆做決策的狀況有多削弱人們的自制力」為題，進行了一項有趣的實驗。

研究團隊在被置於「選擇條件」狀況下的受試者面前，放了百貨公司販售的各種商品，像是T恤、香氛蠟燭、洗髮精、糖果、襪子等，並要求他們連續選擇自己偏好的品牌產品。受試者必須坐在那裡做出三百多個選擇。另外，在被置於「非選擇條件」狀況下的受試者面前，則放了百貨公司販售的商品，但是只讓他們看，沒有要求他們選。然後指示他們填寫一份問卷，說明自己在過去一年當中有多頻繁地使用該項商品。這意味著，在回答問題的過程中，兩組受試者付出的努力是相當的。

然而，兩組受試者之後表現出來的自我控制力卻有非常大的差距。在心理學的實驗中，通常會測量手能浸泡在冰水裡的時間長短來判斷受試者的自制力。在該研究的受試者中，之前被置於選擇條件下的受試者，比被置於非選擇條件下的受試者，還要更快將手從冰水裡抽出來。這是因為他們連續做出多個選擇之後，已經筋疲力盡，而且自制力也跟著下降了。

除此之外，還有許多研究指出，當人充分且適當地睡覺之後，決策能力會有所提升，而且身體狀況對判斷力也有著重大的影響。就像這樣，決定某件事情要耗費的能量比我們所想得更多。因此，**在做重要決策之前，最好睡眠充足、飲食正常、好好休息來維持良好的狀態。身體的狀況會影響大腦的狀態。**

有時乾脆減少需要做選擇的事情也是個好方法。這聽起來可能會有些極端。不過，美國前總統巴拉克·歐巴馬（Barack Obama）也曾經在某次訪問中提到：「我每天要做的決定實在太多，所以我不想連每天早上起來都在決定要穿什麼。於是我只穿灰色或是藍色的西裝。」

講到這裡，你應該很自然會想到另一個人。那就是史蒂夫·賈伯斯（Steve Jobs）。他最具代表性的穿著——高領毛衣和牛仔褲——也是一種為了減少選擇的祕訣。這點我們都很清楚。如前述所說的，**做決定會使我們疲憊。所以，為了做好重要的決定，可以減少其他不必要的決定。**

這時，判斷什麼決定是必要的、什麼決定是不必要的標準，就在你自己身上。如果喝咖啡前選擇要用哪一支咖啡豆、選擇今天要戴哪一個飾品等，是你生活中的樂趣，那麼就要將這些可貴的事情保留下來。對某個人來說，要穿哪件衣服可能很重要，但對另一個人來說，可能並不重要；對某個人來說，要使用哪一款洗髮精可能完全不重要，但對另一個人來說，那可能非常重要。因此，我建議你，**在組成自己生活各式各樣的選擇中，保留對自己而言有意義的選擇，而其他只會讓你感到疲憊的選擇，則可以固定為單一個選項，藉此節省自己的能量。**

沒有什麼選擇能摧毀我的人生

現在來思考看看，為什麼選擇對我們來說這麼困難。大多是因為自己要為選擇的結果負起責任，負擔特別重的緣故。所以很諷刺的是，有時我們反而樂見於沒有選擇的狀況。雖然「別無選擇」的狀況會帶來無力感和挫敗感，但至少我們不用責怪自己。不過，因為責任的重量而放棄能盡情地選擇的自由，終歸還是有些可惜。

這種時候，當未來的你自問：「當初為什麼要做那樣的選擇？」如果你能答得出來，大概就不會那麼自責了。也就是說，要事先準備好一些依據，不論那個選擇最終的結果是好還是壞，你都要能對自己說明當時為什麼做出那樣的選擇。「在這兩間公司中，我之所以會選擇跳槽到這一間公司，是因為雖然這裡的年薪比較低，但可以累積我想要的經歷。」像是這種方式即可。這個答案應該比：「我不想再思考，就隨便選了！」好很多吧？為了未來的自己，做出一個能給自己更好解釋的決定吧！

與做選擇的瞬間保持距離也是一種方式。我們面臨選擇的瞬間，很容易感受到壓力，或是因為短時間接受太多的資訊，反而判斷錯誤。這時，與必須做選擇的狀況保持「心理距離」（psychological distance），能幫助自己做出更好的決策。舉例來說，在決定之前，可以試著用這種方式思考：「如果是由未來的我來做決定」、「如果是由其他人來做決定」、「如果是在很遙遠的地方做決定」……可以試著從各個層面往後退一步，離選擇遠一點。

已經有與「保持心理距離」的相關研究。在該研究中，一組受試者必須在假設自己明天就要買車的前提下撰寫文章；另一組受試者，則必須在假設自己一年後才要買車的前提下撰寫文章。接著，研究團隊向兩組受試者展示了四款不同車型的十二項資訊，並且要求受試者選擇他們認為最好的車型。結果發現，假設一年後才要買車的受試者，比起那些馬上就要買車的受試者，更傾向於選擇在客觀條件上較為優越的車型。

因此，**如果你正面臨重要的選擇，就試著跟現在這個時刻的自己拉開距離吧！這樣你就不會過於依賴眼前的資訊，同時還能做出合理的選擇**。

過度焦慮會導致額葉機能下降，妨礙你做出合理的選擇。「一瞬間做錯選擇，我隨時都可能會完蛋！」遺憾的是，這樣的心態反而更容易讓我們做出錯誤的選擇。因此，請對自己說：

「不論是什麼選擇都沒關係。這只是人生中無數個選擇的其中一個罷了，沒有哪個選擇會永遠困住我。假如真的做了讓人遺憾的選擇，只要再搭配那個結果努力解決就好，不要太擔心。」

這麼說不是為了安慰你。真的沒有哪一個瞬間做出的決定，會導致我們的人生徹底崩潰。即使有遺憾，即使感到後悔，人生還是會繼續。之後如果能夠善後，再善後就好。不論你站在什麼選擇之門面前，都希望你能夠藉由這樣的心態，打開一道嶄新的門並向前邁進。

後記

為你的上班路加油

雖然讀了三十三篇心理學相關的文章也無法一次就解決你在職場上的所有煩惱，但如果你至少得到了一個能應用在工作和生活中的武器，那麼我想恭喜你，也想在此表達謝意。想必敏銳的讀者應該有發現，本書中的許多內容，最終都在反覆強調類似的建議。那就是，**別忽視現在你眼前發生的事，更重要的是，別忽視自己內心起伏的情緒，而是去接受它。也就是去面對。**

因為害怕就逃避內在的情緒，反而導致自己被那個情緒吞噬。只要能認清自己的內心，就已經打贏一半的遊戲了。如果可以察覺並面對那即將崩潰的內心，我們就有辦法正確地應對，能夠堅強地克服並且安慰痛苦的情緒，然後繼續一起走下去。在這一刻，我想對正在各自崗位上奮鬥的你，輕聲地說一句「加油」。

沒想到這已經是我的第三本書了，同時也是我在大山圖書出版的第二本書。真心感謝一直很信任並照顧我的白智潤編輯和林素妍組長。我也真心感謝愛我的家人，就算我閉上眼睛往後倒，他們也總是能讓我安心地依靠。還要感謝我的朋友們，我們總是能在不同的情境下自由切換，既能輕鬆地開玩笑，又能認真地討論沉重的話題。

潘有花　敬上

參考資料

PART 1

我為什麼會焦慮？為什麼有時候會感到悲傷？

首先識別自己的狀態

1 覺得自己落後於人而工作不順利時（自卑感）

Akdo an, R., ‘A model proposal on the relationships between
loneliness, insecure attachment, and inferiority feelings’, <Personality and Individual Differences>, 2017, P19~24.

Ansbacher, H. L. & Ansbacher, R. R., 《The Individual Psychology of Alfred Adler》, New York: Harper & Row, 1964.

Lamberson, K. A., & Wester, K. L., ‘Feelings of inferiority: A first attempt to define the construct empirically’, 〈The Journal of Individual Psychology〉, 2018, P172~187.

2 確實消除職場壓力的唯一方法（心理韌性）

Seligman, M. E., 《Learned optimism: How to change your mind and life. Avenue of the Americas》, NY: Pocket Books, 1990.

Werner, E. E., 'High-risk children in young adulthood: A longitudinal study from birth to 32 years', 〈American journal of Orthopsychiatry〉, 1989, P72~81.

3 如果每天見面的人每天都很討厭（厭惡）

Reicher, S. D., Templeton, A., Neville, F., Ferrari, L., & Drury, J., 'Core disgust is attenuated by ingroup relations', 〈Proceedings of the National Academy of Sciences〉, 2016, P2631~2635.
Rozin, P., Millman, L., & Nemeroff, C., 'Operation of the laws of sympathetic magic in disgust and other domains', 〈Journal of Personality and Social Psychology〉, 1986, P703~712.
Rozin, P., & Fallon, A. E., 'A perspective on disgust', 〈Psychological Review〉, 1987, P23~41.
Schnall, S., Haidt, J., Clore, G. L., & Jordan, A. H., 'Disgust as embodied moral judgment', 〈Personality and Social Psychology Bulletin〉, 2008, P1096~1109.

4 如果還是每週都覺得星期一很可怕（焦慮）

Freud, S., 'Inhibition, symptoms, and anxiety', 〈The Standard Edition of the Complete Psychological Works of Sigmund Freud〉, 1961, P77~175. Hartley, C. A., & Phelps, E. A., 'Anxiety and decision-making', 〈Biological psychiatry〉, 2012, P113~118.

5 對我們來說，公司真的只是很可怕而已嗎？（需求）

Hiroto, D. S., 'Locus of control and learned helplessness', 〈Journal of Experimental Psychology〉, 1974, P187.
Maslow, A. H., 'A theory of human motivation', 〈Psychological Review〉, 1943, P370~396.
Maslow, A. H., 《Motivation and Personality》, Harper & Row, 1970. Tay, L., & Diener, E., 'Needs and

subjective well-being around the world',〈Journal of Personality and Social Psychology〉, 2011, P354.
Wrzesniewski, A., & Dutton, J. E., 'Crafting a job: Revisioning employees as active crafters of their work'〈Academy of Management Review〉, 2001, P179~201.

6 該怎麼處理取得成果之後的空虛感？·（空虛）

Ben-Shahar, T.,《Happier: Can You Learn to be Happy?》, McGraw-Hill, 2008.
Colarusso, C. A., 'Separation-individuation phenomena in adulthood: General concepts and the fifth individuation',〈Journal of the American Psychoanalytic Association〉, 2000, P1467~1489.
Gilbert, D. T., Pinel, E. C., Wilson, T. D., Blumberg, S. J., & Wheatley, T. P., 'Immune neglect: a source of durability bias in affective forecasting',〈Journal of Personality and Social Psychology〉, 1998, P617~638.
Wilson, T. D., & Gilbert, D. T., 'The impact bias is alive and well',〈Journal of Personality and Social Psychology〉, 2013, P740~748.

7 遇到小事也會爆發的定時炸彈（憤怒）

Manfredi, P., & Taglietti, C., 'A psychodynamic contribution to the understanding of anger-The importance of diagnosis before treatment',〈Research in Psychotherapy: Psychopathology, Process and Outcome〉, 2022, P189~202.
Williams, R., 'Anger as a basic emotion and its role in personality building and pathological growth: The neuroscientific, developmental and clinical perspectives',〈Frontiers in Psychology〉, 2017, P1950.
鄭振容（2020年7月9日）。〈「不是吧，可是，真的」真的很常用嗎?〉，《餅乾新聞》。取自：https://www.kukinews.com/newsView/kuk202007080370

8 我只是一個齒輪嗎？（職業倦怠）

申強賢（2003）。〈一般從業者用職務倦怠量表（MBI-GS）之效度驗證研究〉。《韓國心理學會誌：產業與組織》，P1～17。

Bakker, A. B., Westman, M., & Schaufeli, W. B., 'Crossover of burnout: An experimental design', 〈European Journal of Work and Organizational Psychology〉, 2007, P220~239.

Freudenberger, H. J., 'The staff burn-out syndrome in alternative institutions', 〈Psychotherapy: Theory, Research & Practice〉, 1975, P73. Golkar, A., Johansson, E., Kasahara, M., Osika, W., Perski, A., & Savic, I., 'The influence of work-related chronic stress on the regulation of emotion and on functional connectivity in the brain', 〈PloS one〉, 2014, e104550.

Gunderman, R. (2014, February 22).For the young doctor about to burn out.The Atlantic., https://www.theatlantic.com/health/archive/2014/02/for-the-young-doctor-about-to-burn-out/284005/

Leiter, M. P., & Maslach, C., 'Six areas of worklife: a model of the organizational context of burnout', 〈Journal of Health and Human Services Administration〉, 1999, P472~489.

Liston, C., McEwen, B. S., & Casey, B. J., 'Psychosocial stress reversibly disrupts prefrontal processing and attentional control', 〈Proceedings of the National Academy of Sciences〉, 2009, P912~917.

9 當在公司戴的面具太緊時（假我）

Jung, C. G., Read, H., Fordham, M., Adler, G., & McGuire, W.《The Collected Works of CG Jung: Two Essays on Analytical Psychology.-1953》, Routledge & Kegan Paul, 1953.

Turkle, S., 《Life on the Screen: Identity in the Age of the Internet》, New York, NY: Simon and Schuster, 1995.

Winnicott, D. W., On transference, 《The International journal of Psychoanalysis》, 1956, P386.

10 給那些害怕被別人發現自己其實很糟糕的人（冒牌者現象）

Blind Staff Writer (2020, July 22).Mental Health Awareness: Imposter Syndrome.Blind Blog-Workplace Insights, https://www.teamblind.com/blog/index.php/2020/07/22/impostor-syndrome-tech-and-finance-professionals-are-not-immuned/

Clance, P. R., & Imes, S. A., 'The imposter phenomenon in high achieving women: Dynamics and therapeutic intervention,'

〈Psychotherapy: Theory, research & practice〉, 1978, P241.

Clance, P. R., 'Clance impostor phenomenon scale,' 〈Personality and Individual Differences〉, 1985.

Sakulku, J., 'The impostor phenomenon,' 〈The Journal of Behavioral Science〉, 2011, P75~97.

Tewfik, B. A., 'The impostor phenomenon revisited: Examining the relationship between workplace impostor thoughts and interpersonal effectiveness at work,' 〈Academy of Management Journal〉, 2022, P988~1018.

11 在選擇的瞬間絕不能忘記的一件事（認知失調）

Festinger, L., Riecken, H. W., & Schachter, S., 《When Prophecy Fails》, University of Minnesota Press, 1956.

Festinger, L., 《A Theory of Cognitive Dissonance》, Stanford University Press, 1957.

Hasan, U., & Nasreen, R., 'Cognitive dissonance and its impact on consumer buying behaviour,' 〈Journal of Business and Management〉, 2012, P7~12.

12 晉升，能不能就當作沒發生？（角色衝突）

Awan, F. H., Dunnan, L., Jamil, K., Gul, R. F., Anwar, A., Idrees, M.& Guangyu, Q., 'Impact of Role Conflict

on Intention to leave Job with the moderating role of Job Embeddedness in Banking sector employees', 〈Frontiers in Psychology〉, 12, 719449.
Gjerde, S., & Alvesson, M., 'Sandwiched: Exploring role and identity of middle managers in the genuine middle', 〈Human Relations〉, 2020, P124~151.
Prins, S. J., Bates, L. M., Keyes, K. M., & Muntaner, C., 'Anxious? Depressed?You might be suffering from capitalism: contradictory class locations and the prevalence of depression and anxiety in the USA', 〈Sociology of Health & Illness〉, 2015, P1352~1372.

PART 2

我討厭誰，哪些話會傷害我？

學會與人共事的方法

13 如果和同事關係變好，會顯得很不專業嗎？（親密感）

Durrah, O., 'Do we need friendship in the workplace?The effect on innovative behavior and mediating role of psychological safety', 〈Current Psychology〉, 2022, P1~14.
Methot, J. R., Lepine, J. A., Podsakoff, N. P., & Christian, J. S., 'Are workplace friendships a mixed blessing?Exploring tradeoffs of multiplex relationships and their associations with job performance', 〈Personnel Psychology〉, 2016, P311~355.
Wagner, R. & Harter, J. (2008, Feb 14).The Tenth Element of Great Managing.Gallup, https://news.gallup.com/businessjournal/104197/Tenth-Element-Great-Managing.aspx

14 只喜歡我同事的主管（不公平）

Barclay, L. J., & Skarlicki, D. P., 'Healing the wounds of organizational injustice: examining the benefits of expressive writing', 〈Journal of Applied Psychology〉, 2009, P511.
Pennebaker, J. W., 'Writing about emotional experiences as a therapeutic process', 〈Psychological Science〉, 1997, P162~166.
Robbins, J. M., Ford, M. T., & Tetrick, L. E., 'Perceived unfairness and employee health: a meta-analytic integration', 〈Journal of Applied Psychology〉, 2012, P235.
Shaw, A., & Olson, K. R., 'Children discard a resource to avoid inequity', 〈Journal of Experimental Psychology: General〉, 2012, P382.
Tsoi, L., & McAuliffe, K., 'Individual differences in theory of mind predict inequity aversion in children', 〈Personality and Social Psychology Bulletin〉, 2020, P559~571.

15 當上司是老頑固，老頑固是上司時（權威）

李賢鎮 &金明讚（2017）。〈與權威者的關係經驗之情感基礎自文化民族誌〉。《教育人類學研究》，P41～66。
Dai, Y., Li, H., Xie, W., & Deng, T., 'Power Distance Belief and Workplace Communication: The Mediating Role of Fear of Authority', 〈International Journal of Environmental Research and Public Healt〉, 2022, P2932.
Diamond, M., & Allcorn, S., 'The cornerstone of psychoanalytic organizational analysis: Psychological reality, transference and counter-transference in the workplace', 〈Human Relations〉, 2003, P491~514.
Du, J., Li, N. N., & Luo, Y. J., 'Authoritarian leadership in organizational change and employees' active reactions: Have-to and willing-to perspectives', 〈Frontiers in Psychology〉, 2020, P3076.
Guo, L., Decoster, S., Babalola, M. T., De Schutter, L., Garba, O. A., &Riisla, K., 'Authoritarian leadership and employee creativity: The moderating role of psychological capital and the mediating role of fear and

defensive silence', 〈Journal of Business Research〉, 2018, P219~230.

16 如何應對反覆無常的上司（雙重束縛）

Bateson, G., Jackson, D. D., Haley, J., & Weakland, J., 'Toward a theory of schizophrenia', 〈Behavioral Science〉, 1956, P251~264.
Kutz, A., 'How to avoid destroying your employees and organisations due to burnouts, braindrain and fading performance?Stop double bind-communication in your organisation!', 〈Journal of Organization Design〉, 2017, P1~12.
Watzlawick P, Bavelas JB, Jackson DD, 《Pragmatics of Human Communication: A Study of Interactional Patterns, Pathologies and Paradoxes》, Norton, New York, 1967.

17 如何成為擅長拒絕的人？（自我界線）

Ayduk, Ö., & Gyurak, A., 'Applying the cognitive-affective processing systems approach to conceptualizing rejection sensitivity', 〈Social and Personality Psychology Compass〉, 2008, P2016~2033.
Buckley, K. E., Winkel, R. E., & Leary, M. R., 'Reactions to acceptance and rejection: Effects of level and sequence of relational evaluation', 〈Journal of Experimental Social Psychology〉, 2004, P14~28.
Leary, M. R., Twenge, J. M., & Quinlivan, E., 'Interpersonal rejection as a determinant of anger and aggression', 〈Personality and Social Psychology Review〉, 2006, P111~132.

18 「我就是那個看部屬臉色的上司。」（緘默效應）

O'Neal, E., Levine, D., & Frank, J., 'Reluctance to transmit bad news when the recipient is unknown: Experiments in five nations', 〈Social Behavior and Personality: an International Journal〉, 1979, P39~47.
Rosen, S., & Tesser, A., 'On reluctance to communicate undesirable information: The MUM effect',

〈Sociometry〉, 1970, P253~263.
Simon, L. S., Rosen, C. C., Gajendran, R. S., Ozgen, S., & Corwin, E. S. 'Pain or gain?Understanding how trait empathy impacts leader effectiveness following the provision of negative feedback', 〈Journal of Applied Psychology〉, 2022, P279.

19 為什麼會毫無理由地討厭一個人（被動攻擊）

DeMarco, R. F., Fawcett, J., & Mazzawi, J., 'Covert incivility: Challenges as a challenge in the nursing academic workplace', 〈Journal of Professional Nursing〉, 2018, P253~258.
Lim, Y. O., & Suh, K. H., 'Development and validation of a measure of passive aggression traits: the Passive Aggression Scale(PAS)', 〈Behavioral Science〉, 2022, P273.
McKee, D. L. N., 'Antecedents of Passive-Aggressive Behavior as Employee Deviance', 〈Journal of Organizational Psychology〉, 2019.

20 背後說壞話的真正作用（無禮）

Adiyaman, D., & Meier, L. L., 'Short-term effects of experienced and observed incivility on mood and self-esteem', 〈Work & Stress〉, 2022, P133~146.
Andersson, L. M., & Pearson, C. M., 'Tit for tat?The spiraling effect of incivility in the workplace', 〈Academy of Management Review〉, 1999, P452~471.
Foulk, T., Woolum, A., & Erez, A., 'Catching rudeness is like catching a cold: The contagion effects of low-intensity negative behaviors', 〈Journal of Applied Psychology〉, 2016, P50.
Liu, C. E., Yu, S., Chen, Y., & He, W., 'Supervision incivility and employee psychological safety in the workplace', 〈International Journal of Environmental Research and Public Health〉, 2020, P840.
Reich, T. C., & Hershcovis, M. S., 'Observing workplace incivility', 〈Journal of Applied Psychology〉, 2015, P203.

21 到底什麼是好的團隊？（衝突）

Chen, H. X., Xu, X., & Phillips, P., 'Emotional intelligence and conflict management styles',〈International Journal of Organizational Analysis〉, 2019, P458~470.

Rahim, M. A., 'A measure of styles of handling interpersonal conflict',〈Academy of Management Journal〉, 1983, P368~376.

22 為了演技不斷提升的你（情緒勞動）

Brotheridge, C. M., & Grandey, A. A., 'Emotional labor and burnout: Comparing two perspectives of "people work"',〈Journal of Vocational Behavior〉, 2002, P17~39.

Morris, J. A., & Feldman, D. C., 'The dimensions, antecedents, and consequences of emotional labor',〈Academy of Management Review〉, 1996, P986~1010.

Thimm, J. C., 'Early maladaptive schemas and interpersonal problems: A circumplex analysis of the YSQ-SF',〈International Journal of Psychology and Psychological Therapy〉, 2013, P113~124.

亞莉・霍希爾德（Arlie Hochschild）（2011）。《情緒勞動：勞動如何將我們的情緒變成商品（The Managed Heart）》。李佳藍譯。想像出版社。

朴尚言、申多惠（2011）。〈情感勞動與職場—家庭衝突：職務倦怠的兩個影響因素之實證研究〉，《人事與組織研究》，P227～266。

PART 3

想做好工作，需要具備什麼樣的心態？

歸根結底，我們需要產出成果

23 說服力決定成果（說服心理學）

Blankenship, K. L., & Holtgraves, T., 'The role of different markers of linguistic powerlessness in persuasion', 〈Journal of Language and
Social Psychology〉, 2005, P3~24.

Derricks, V., & Earl, A., 'Information targeting increases the weight of stigma: Leveraging relevance backfires when people feel
judged', 〈Journal of Experimental Social Psychology〉, 2019, P277~293. Klucharev, V., Smidts, A., & Fernández, G., 'Brain mechanisms of persuasion: how 'expert power'modulates memory and attitudes', 〈Social Cognitive and Affective Neuroscience〉, 2008, P353~366.

24 在重要簡報中使用的心理法則（上台簡報心理學）

Brooks, A. W., 'Get excited: reappraising pre-performance anxiety as excitement', 〈Journal of Experimental Psychology: General〉, 2014, P1144.

Brooks, A. W., Schroeder, J., Risen, J. L., Gino, F., Galinsky, A. D. Norton, M. I., & Schweitzer, M. E., 'Don't stop believing: Rituals improve performance by decreasing anxiety', 〈Organizational Behavior and Human Decision Processes〉, 2016, P71~85.

Clark, D. M., & Wells, A., 'A cognitive model of social phobia' In R. G. Heimberg, M. R. Liebowitz, D. A. Hope, & F. R. Schneier (Eds.), 《Social Phobia: Diagnosis, Assessment, and Treatment》, The Guilford Press, 1995, P69~93.

Savitsky, K., & Gilovich, T., 'The illusion of transparency and the alleviation of speech anxiety', 〈Journal of Experimental Social Psychology〉, 2003, P618~625.

25 不再只是被通知而是進行年薪協商（協商心理學）

Maaravi, Y., & Segal, S., 'Reconsider what your MBA negotiation course taught you: The possible adverse effects of high salary requests',〈Journal of Vocational Behavior〉, 2022, P103803.
Marks, M., & Harold, C., 'Who asks and who receives in salary negotiation',〈Journal of Organizational Behavior〉, 2011, P371~394.
Mason, M. F., Lee, A. J., Wiley, E. A., & Ames, D. R., 'Precise offers are potent anchors: Conciliatory counteroffers and attributions of knowledge in negotiations',〈Journal of Experimental Social Psychology〉, 2013, P759~763.
Tversky A., Kahneman D., 'Judgment under uncertainty: Heuristics and biases',〈Science〉, 1974, P1124~1130.

26 同期同事受到其他同事無限信賴的祕密（信賴的心理學）

Levine, E. E., Bitterly, T. B., Cohen, T. R., & Schweitzer, M. E. 'Who is trustworthy?Predicting trustworthy intentions and behavior',〈Journal of Personality and Social Psychology〉, 2018, P46.
Zajonc, R. B., 'Attitudinal effects of mere exposure',〈Journal of Personality and Social Psychology〉, 1968, P1~27.

27 想成為有創意的人才，就注意這點吧！（創意心理學）

Irving, Z. C., McGrath, C., Flynn, L., Glasser, A., & Mills, C., 'The shower effect: Mind wandering facilitates creative incubation during moderately engaging activities',〈Psychology of Aesthetics, Creativity, and the Arts〉, 2022.
Mueller, J. S., Melwani, S., & Goncalo, J. A., 'The bias against creativity: Why people desire but reject creative ideas',〈Psychological Science〉, 2012, P13~17.

Oppezzo, M., & Schwartz, D. L., 'Give your ideas some legs: the positive effect of walking on creative thinking',〈Journal of Experimental Psychology: Learning, Memory, and Cognition〉, 2014, P1142.
Xu, L., Mehta, R., & Hoegg, J., 'Sweet ideas: How the sensory experience of sweetness impacts creativity',〈Organizational Behavior and Human Decision Processes〉, 2022, P104169.

28 不加班也能把工作做好的金代理（效率心理學）

Barker, H., Munro, J., Orlov, N., Morgenroth, E., Moser, J., Eysenck, M. W., & Allen, P., 'Worry is associated with inefficient functional activity and connectivity in prefrontal and cingulate cortices during emotional interference',〈Brain and Behavior〉, 2018, e01137.
Blasche, G., Szabo, B., Wagner-Menghin, M., Ekmekcioglu, C., & Gollner, E., 'Comparison of rest-break interventions during a mentally demanding task',〈Stress and Health〉, 2018, P629~638.
Csikszentmihalyi, M.,《Flow: The Psychology of Optimal Experience》, Cambridge University Press; Cambridge, UK, 1990.
Loh, K. K., & Kanai, R., 'Higher media multi-tasking activity is associated with smaller gray-matter density in the anterior cingulate cortex',〈Plos one〉, 2014, e106698.

29 即使提案失敗也像不倒翁一樣復活的團隊（稱讚的心理學）

Boothby, E. J., & Bohns, V. K., 'Why a simple act of kindness is not as simple as it seems: Underestimating the positive impact of our compliments on others',〈Personality and Social Psychology Bulletin〉, 2021, P826~840.
Pacilli, M. G., Spaccatini, F., & Roccato, M., '"You Look So Beautiful…But Why Are You So Distressed?": The Negative Effects of Appearance Compliments on the Psychological Well-being of Individuals in the Workplace',〈Sexuality & Culture〉, 2023, P659~673.

Zhao, X., & Epley, N., ‘Insufficiently complimentary?: Underestimating the positive impact of compliments creates a barrier to expressing them’, 〈Journal of Personality and Social Psychology〉, 2021, P239.

30 養成一個好習慣勝過十項能力（習慣心理學）

Gardner, B., Lally, P., & Wardle, J., ‘Making health habitual: the psychology of ‘habit-formation’and general practice’, 〈British Journal of General Practice〉, 2012, P664~666.
Judah, G., Gardner, B., & Aunger, R., ‘Forming a flossing habit: An exploratory study of the psychological determinants of habit formation’, 〈British Journal of Health Psychology〉, 2013, P338~353.
Lally, P., Van Jaarsveld, C. H., Potts, H. W., & Wardle, J., ‘How are habits formed: Modelling habit formation in the real world’, 〈European Journal of Social Psychology〉, 2010, P998~1009.
Wood, W., Quinn, J. M., & Kashy, D. A., ‘Habits in everyday life: thought, emotion, and action’, 〈Journal of Personality and Social Psychology〉, 2002, P1281.

31 犯錯時首先需要做的事（道歉心理學）

Brooks, A. W., Dai, H., & Schweitzer, M. E., ‘I’m sorry about the rain! Superfluous apologies demonstrate empathic concern and increase trust’, 〈Social Psychological and Personality Science〉, 2014, P467~474.
DiFonzo, N., Alongi, A., & Wiele, P., ‘Apology, restitution, and forgiveness after psychological contract breach’, 〈Journal of Business Ethics〉, 2020, P53~69.
Lewicki, R. J., Polin, B., & Lount Jr, R. B., ‘An exploration of the structure of effective apologies’, 〈Negotiation and Conflict Management Research〉,2016, P177~196.

32 工作和愛情一樣，時機很重要（拖延心理學）

Ferrari, J. R., & Tice, D. M., ‘Procrastination as a self-handicap for men and women: A task-avoidance

strategy in a laboratory setting', 〈Journal of Research in Personality〉, 2000, P73~83.
Feyzi Behnagh, R., & Ferrari, J. R., 'Exploring 40 years on affective correlates to procrastination: a literature review of situational and dispositional types', 〈Current Psychology〉, 2022, P1~15.
Wohl, M. J., Pychyl, T. A., & Bennett, S. H., 'I forgive myself, now I can study: How self-forgiveness for procrastinating can reduce future procrastination', 〈Personality and Individual Differences〉, 2010, P803~808.

33 如果你希望總是能做出最好的選擇（決策心理學）

Danziger, S., Levav, J., & Avnaim-Pesso, L., 'Extraneous factors in judicial decisions', 〈Proceedings of the National Academy of Sciences〉,2011, P6889~6892.
Fukukura, J., Ferguson, M. J., & Fujita, K., 'Psychological distance can improve decision making under information overload via gist memory', 〈Journal of Experimental Psychology: General〉, 2013, P658.
Pace-Schott, E. F., Nave, G., Morgan, A., & Spencer, R. M., 'Sleep-dependent modulation of affectively guided decision-making', 〈Journal of Sleep Research〉, 2012, P30~39.
Vohs, K. D., Baumeister, R. F., Schmeichel, B. J., Twenge, J. M. Nelson, N. M., & Tice, D. M., 'Making choices impairs subsequent self-control: A limited-resource account of decision making, self-regulation, and active initiative', 〈Journal of Personality and Social Psychology〉, 2008, P883~898., https://www.vanityfair.com/news/2012/10/michael-lewis-profile-barack-obama

LOCUS

LOCUS